白玉

鉴定与选购
从新手到行家

不需要长篇大论，只要你一看就懂

李永光 著

文化发展出版社
Cultural Development Press

本书要点速查导读

行家

　　玉积山川之精、日月之华、人仪之美。每一方玉石都是天地孕育的精灵，蕴藏着无尽的意味。玉之美，正在于其美而不言，凝重深沉而不空泛，温润和谐而自生光泽。赏玉玩玉的最大乐趣，便是从玉石中悟出真谛，读出人生，品出哲理。赏玉需要平和的心态，抛却利益的牵绊，任思绪完全沉浸在那方晶莹的玉石中。赏工识艺是一种乐趣，解读原石的自然之美，同样是一种乐趣。

　　读质，将一方玉石握在手中，首先感到的是一种重量，一种责任，一种包容，一种志在四方的胸怀，一种"厚德载物"，中华民族几千年传承的传统美德。

　　读肉，玉握掌间细细把玩，子玉的肉质温润细腻，油晰明光的毛孔，仿佛无时不在轻柔地呼吸。不管是白玉、青白玉、碧玉、青玉、墨玉、糖玉哪种色调，丝毫不影响它如君子般温和仁义的品质。

　　读形，玉的璞石虽历经千万年流水的滋润及漫漫时光里沙土的洗礼，棱角已被磨圆，厚璞遮掩着姿容，但它却褪掉了年少的轻狂，留下了岁月赋予的成熟与坚忍。

　　读皮，软玉漂亮的皮色，经大自然鬼斧神工的孕育，点点洒金，艳艳枣红，斑纹杂生，赏心悦目。每一种皮色都是一首诗、一种语言、一段历史。展开想象的翅膀，原来皮色本身就是一种艺术，是岁月的积累。透过薄薄的皮璞，可以窥见时光如白驹过隙，历史在千万年里静静流淌。

读音，持一方玉石圆捧，轻轻叩击玉石，声音清脆悦耳，舒展清扬，方悟古人发明的"金声玉振"，"余音绕梁"之妙。在没有一丝混沌嘈杂中，读懂了为人之道：既要悦己，更要悦人；独自乐乐，与人乐乐，普天之乐，岂不更乐？

读瑕，轻轻抚摸玉身上的点点伤痕，一处浅絮，一条水线，一块僵皮，一点癣绺，那不是瑕疵，那是大自然时光流转在玉身上镌刻的痕迹，如同老翁头上饱经风霜的银发，恰似老妪脸上历尽沧桑的皱纹。大多玩玉人追求无瑕，追求羊脂，但世上何物无暇，羊脂能有几多？玉的瑕自然天成，人的瑕出自贪心，人玉相比，人倒愧不如玉了！

赏玉的乐趣远不止此，玉文化源远流长，玉作品厚重精深，以目之赏、心之悟、行之践来赏玩，会乐在其中，受益终身。

CONTENTS 目 录

鉴定
技巧

淘宝
实战

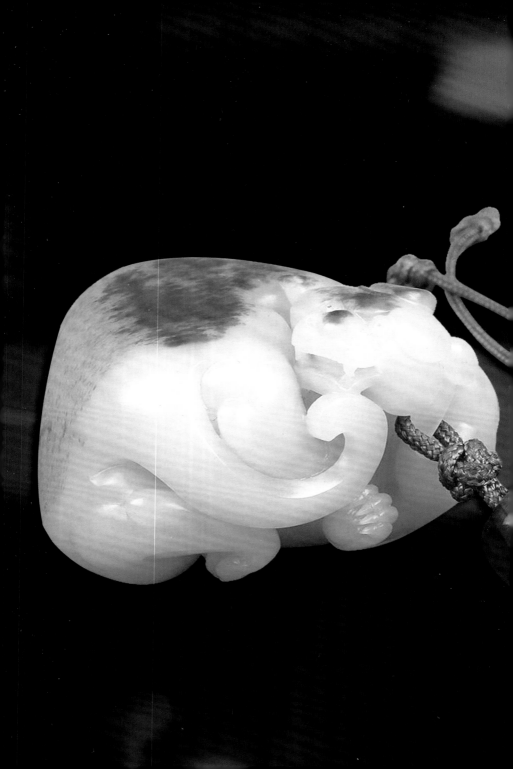

基础入门

白玉概述

白玉属软玉的一种，硬度一般为摩氏 6 ～ 6.5，比重 2.55 ～ 2.65，折射率 1.606 ～ 1.632，双折射率 0.021 ～ 0.023，密度 2.9 ～ 3.1 克 / 厘米 ^{3}。断口参差状。韧性极强，质地细腻。软玉是一种具链状结构、含水钙镁硅酸盐的显微纤维状或致密块状矿物集合体。当组成矿物主要为白色透闪石时，玉石的颜色呈现白色，即为白玉；当组成矿物阳

● 白玉藏传文殊菩萨挂件

起石中含有少量金属离子时，玉石就会呈现深浅不一的青、绿、黑、黄等色，即行业常见的青玉、青白玉、碧玉、墨玉、黄玉等。白玉一般为油脂光泽，有时为蜡状光泽，呈半透明至不透明。据此，现代宝石界对白玉的解释是：颜色呈脂白色，质地细腻滋润，油脂性好，半透明至微透明，部分稍泛淡青色、乳黄色，或含有少量絮状石花等杂质的玉石为白玉。

中国最好的白玉产自新疆和田。其中子料羊脂白玉质如绵羊鲜凝脂，材质完整，少瑕疵，带有悦目外皮壳，为和田白玉中的精品。和田白玉的大美特性，使它在全世界的软玉中始终处于高贵的地位。古

往今来，从帝王将相到平民百姓，白玉始终是人们心中的至爱。

　　由于改革开放以来中国经济高速发展，民间悄然形成的玉器消费热方兴未艾。一方面，新疆和田软玉国内外的市场越来越大，知名度不断提高，价格节节攀升；另一方面，和田软玉的产量不断减少，优质和田玉的资源更是近于枯竭。在此背景下，玉雕业开始放眼全球寻找新的白玉资源。于是俄罗斯贝加尔湖白玉和韩国春川白玉因地近中国、历史悠久、外观结构特性与和田白玉相似而进入内地，并且因产量高、价格相对和田玉低在玉器市场上受到欢迎。与新疆和田白玉昆仑山一山之隔的青海白玉，也由于产量大、质地好、易开采，批量进入了玉器市场。目前国内的白玉市场主要由和田白玉、俄罗斯白玉、青海白玉、韩国白玉四大类构成。

● 白玉童子戏弥勒山子

新疆和田玉

和田白玉开采历史悠久，是我国玉石群中的佼佼者。和田玉出自古于阗国（毗邻和田及周边地区），故称和田玉。《千字文》有"金生丽水，玉出昆冈"之说。昆冈玉就是指的和田玉。《新疆图志》载，和田玉有"绀（红青）、黄、青、碧、玄（黑）、白数色"。

新疆和田白玉的形成

新疆白玉（主产地在和田及周边地区，循传统称呼，以下称和田白玉）产自高耸入云的昆仑山脉，距今已有四千多万年的历史。远古时代的喜马拉雅造山运动促成了昆仑山的崛起，奇妙的地质演变使得海拔 4000 米左右的高山上形成了软玉矿物带——和田玉。

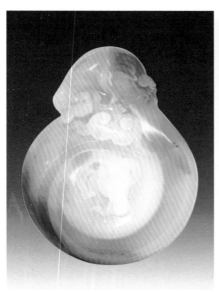

• 和田子料样样如意坠

• 和田青白玉子料童真坠

● 和田子料坠饰

　　和田玉的种类主要有山料、山流水料、戈壁料、子料等料形，其形成过程大体如下：在白雪皑皑的大山深处，冰雪下面，等待人们慧眼识宝、挖掘开采的原生矿，即白玉山料，一部分裸露在山体边缘的原石被天然崩落剥离，形成了大小不等的玉石原块，被季节性融雪洪水自高山上冲下，堆积到玉龙喀什河（白玉河）、喀拉喀什河（墨玉河）上游或支流中。由于搬运距离不远，玉料的棱角初步滚磨，在河水中的浸润时间不长，这种玉料即为山流水料。冲入两条河流的原石经年复一年水流的冲击、摩擦、滚动和洗涮，搬运的距离长达几百上千公里，原有坚硬棱边峰角的原石变得十分光滑圆润。如果这种大小不等的鹅卵状玉石被冲到河岸的戈壁滩上，就成为戈壁子玉；仍留在白玉河、墨玉河里的鹅卵状玉石被人们捞起，就成为和田子玉。不管是戈壁子玉或和田子玉，几千年来达到羊脂玉级的不断有发现，是白玉中的珍品。

新疆和田白玉的开采

新疆目前已查到的古代软玉产地有二十余处，基本分布在昆仑山西麓。其采矿范围西起塔什库尔干的安大力塔格及阿拉孜山，经和田地区的桑珠塔格、柳什塔格，东到且末县南拉尔金山北麓的肃拉穆宁塔格一带，总长一千一百多公里，矿点多在高达 4000 ～ 5000 米的雪线附近，环境非常恶劣，交通十分不便。和田白玉的开采沿昆仑山脉自东向西排列，主要矿区分布在巴音郭楞蒙古族自治州、和田地区和喀什地区。其中巴州的若羌县和且末县有塔特勒克苏、哈达里克奇台、塔什赛音三个矿区；和田地区的皮山县有三个矿区，即喀什河上游，卡拉大坡西矿点，铁白觅矿点等，和田县黑山矿点和白玉河、墨玉河，于田县的阿拉玛斯玉矿（近代主要玉产地，戚家坑，富家坑等旧矿点即在此）；喀什地区的叶城、莎车、塔什库尔干县一带，即古代的叶尔羌河沿线的密尔岱山、玛尔湖普山，大同乡矿点等，为山料玉的主要产地，内地玉雕厂家的山子料多源于此。

● 新疆出产白玉的昆仑山雪峰

新疆和田玉的物质组成

⊙ 矿物组成

　　和田玉主要由针状、纤维状、柱状和毛发状透闪石矿物组成。白玉、青白玉、青玉和碧玉的透闪石含量基本相同，占98%以上。伴生杂质矿物含量较少，一般为1%～3%，有铬尖晶石、透辉石、绿帘石、斜黝帘石、镁橄榄石、磁铁矿、黄铁矿、磷灰石、针镍矿、白云石、石英、石墨、独居石等。

　　和田玉中的透闪石矿物粒度极细，为显微晶质和隐晶质。

　　透闪石矿物颗粒大小对和田玉质地有很大的影响。颗粒越粗，杂质增多，往往出现亚铁氧化成三价铁（呈红棕色，多见裂隙处），而使玉石质地下降。据电子显微镜观察：和田玉粒度0.0006～0.003毫米，而四川龙溪软玉粒度0.01～0.05毫米。加拿大透闪石玉粒度小于0.3毫米，澳大利亚科韦尔透闪石玉粒度0.003～0.11毫米，可以看出，和田玉粒度最细，因此质量最好。

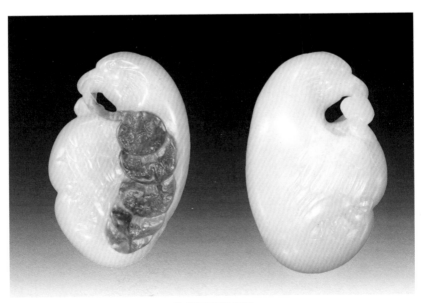

● 和田玉子料把件

⊙ 化学组成

和田玉是一种含水的钙镁硅酸盐，属角闪石族矿物，含少量 Cr、Ni、Co 等元素。由于透闪石中镁铁间为完全类质同象替代，置换不同，导致矿物颜色、特性不同。

● 白玉子料梅花坠

和田玉的物理性质

和田玉的摩氏硬度为 6.5～6.9，硬度较大，因而玉器抛光性好，而且能长期保存。和田玉属透闪石玉，韧度较大，不易破碎，而且耐磨，非常适合玉器的艺术造型和精雕细刻。

和田玉多数呈微透明，少数呈半透明或不透明。油脂光泽。折射率 1.605～1.620，密度 2.934～2.985g／厘米^3。

和田玉的结构构造

据多位学者研究，和田玉有六种结构：毛毡状、叶片状、纤维状、纤维—隐晶质状、叶片—隐晶质状、放射（帚）状等结构。

● 白玉子料英雄坠

其典型结构为毛毡状结构，即极微细的纤维状透闪石晶粒无定向交织成毛毡状，整体结构均一，因此其原料具有良好的致密性、油润性、坚韧性及可雕性。而随晶粒开始加大，结构逐渐变粗，软玉品质就会逐渐变劣。

新疆白玉的分类

⊙ 按形状分类

和田玉从山料产出到最终成为子玉，顺序如下：

1. 山料玉

山料又名山玉或碴子玉，指从昆仑山上的软玉原生矿直接开采的玉料。山料的特点是块度大小不一，大的可重达数吨，多呈不规则棱角状，良莠不齐，油性略差，质量常不如子玉。山料有多种，如白玉山料、青白玉山料等。由于玉料和岩石在矿床中伴生或插生，开采中需用风钻灌装炸药，通过爆破去掉玉石外围的包裹岩体，所以一些山料往往出现绺裂现象。

● 和田玉山料——且末和田玉王

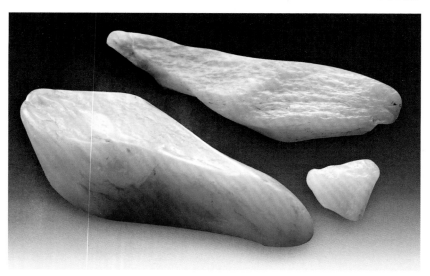

● 山流水料外形具有近似山料的特点，但圆滑些。

2.山流水玉

山流水玉即指原生矿石经风化崩落，由河水搬运至半山腰、山脚或河流中上游形成的玉石。通常分布在昆仑山脚下，季节性河流的源头。山流水料一般块头较大，棱角稍有磨圆，表面较光滑，但尚未形成鹅卵状的玉料。山流水玉是山料玉变成子料玉过程中形成的一种过渡玉石。质地介于二者之间，内外品质一致，是质地较为细腻坚密的优良玉种。

3.戈壁料玉

戈壁料玉的矿物和油润程度与子料玉完全一样，它是山流水玉形成子玉后，弃留在干涸戈壁滩上的子玉。戈壁子玉一是已经形成子玉被季节性大

● 和田（俄罗斯料）玉戈壁料

水搬运到戈壁滩后，暴露在无水环境中的玉石。二是古代子玉原生存的河流改道或干涸后，暴露在无水环境中的玉石。两种子料长年累月受沙尘冲击，风吹日晒，雨雪浸淫，多比河中子玉质地、皮张更好，不易得到。

另有一种戈壁料玉，是由和田山料崩落后分散在戈壁滩上的，吸收千万年日月精华，经历无数次风雪冰霜，虽比不上前述戈壁料，但独具特色，依然受到人们追捧。

4.子玉

又名籽玉、仔玉、籽料、子料或仔料，是指原生矿经冰山变化、自然风化、冰雪融化等自然界的运动剥蚀分离后，被流水长距离搬运，远离原生矿河流中下游的鹅卵石状玉料。它分布于河床及两侧河滩中，玉石或裸露地表，或埋于地下，或沉于水中。

子玉的特点是块度一般较小，常为卵形，外表一般有黄褐色包皮，温润紧密。玉龙喀什河和喀拉喀什河是目前最主要的采子玉的河流。分别以产优质的白玉子料和青玉子料而著称。这两条河中采到的子玉，占所有白玉产量的95%左右，子玉的质量较好。子玉有各种颜色，白色子玉叫白玉子，青白子玉叫青白玉子，青色子玉叫青玉子。子料分无皮子料和皮色子料。无皮子料一般产在河水中，皮色子料一般产自河床的淤泥或沙滩中。维族有民谚"子玉见红，价值连城"，可见子玉的珍贵。

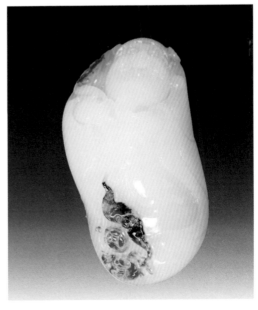

● 和田白玉带皮子料把件

⊙ 按颜色分类

按颜色不同，新疆和田玉可分为白玉、青玉、青白玉、墨玉、黄玉五大类，璞皮玉包含不同颜色的玉种。

1．白玉

白玉的颜色由白到青白，多种多样，即使同一条矿脉，也不尽相同，叫法上也名目繁多，有羊脂白、石蜡白、鱼肚白、梨花白、月白等。其中羊脂白玉中透闪石占99％以上，具纤维变晶交织结构或毛毡状结构，结构均匀。白玉以透闪石为主，呈板柱状、长柱状，结构较均匀，个别透闪石颗粒粗大。

2．青白玉

青白玉以白色为基调，在白玉中隐隐闪绿、闪青、闪灰等，常见有白果青、粉青、灰白等，属于白玉与青玉的过渡品种，和田玉中较为常见。

3．青玉

青玉由淡青到深青色，颜色的种类很多，古籍记载有纳子青、甘青、蟹壳青、叶青等。现代以颜色深浅不同，也有淡青、深青、碧青、灰青、深灰青之分。在和田玉中青玉最多，常见大块者。近年发现有一种翠青玉，呈淡绿色，色嫩，质细腻，是较好的品种。青玉中微细透闪石

● 和田白玉子料天伦坠

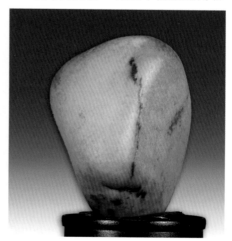

● 和田白玉子料

约占 93%～95%，纤维变斑状或篁束变晶结构，局部为毛毡状、放射状结构，结构不均匀。

4. 黄玉

黄玉由淡黄到深黄色，有栗黄、秋葵黄、黄花黄、鸡蛋黄、虎皮黄等色。古人以"黄如蒸梨"者最好。黄玉十分罕见，在几千年采玉史上不常见到，质优者不次于羊脂玉。古代玉器中有用黄玉制成的珍品，如清代乾隆年间制的黄玉三羊尊，黄玉异兽形瓶，黄玉佛手等。但现代黄玉极罕见。

● 和田黄玉牌

● 青玉茶具

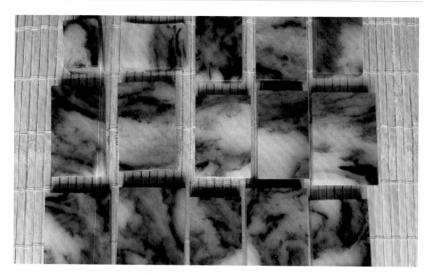

• 极具中国水墨画韵味的和田墨玉青花切片

5. 墨玉

玉由墨色到淡黑色，其黑色多为云雾状、条带状等。工艺名称繁多，有乌云片、淡墨光、金貂髻、美人髻等。在整块料中，墨的程度强弱不同，深浅分布不均，多见于与青玉、白玉过渡带。一般有全墨、聚墨（指青玉或白玉中墨较聚集者，可用作俏雕色）、点墨（分散成点，影响使用）。墨玉大都是小块的，其墨色因含较多的细微石墨鳞片所致。

6. 璞皮玉

古人指璞内蕴藏有美玉之原石。璞皮虽包裹不同玉种，但按颜色来分，应单列简述玉的璞皮，按其成分和产状等特点，可分为色皮、糖皮、石皮（袍玉）三类。

• 和田子料原皮俏雕玉牌书香门第

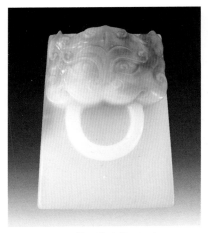

● 和田糖玉仿古牌（正）　　　　● 和田糖玉仿古牌（背）

色皮：指和田子玉外表分布的一层褐红色或褐黄色玉皮。如前述，玉皮有各种颜色，玉石界以各种颜色命名。从皮色上可以看出玉石的质量，如黑皮子、鹿皮子等，多为上等白玉好料。同种质量的子玉，如带有秋梨、洒金黄等皮色，价值更高。玉皮的厚度很薄，一般小于1毫米。色皮的形态各种各样，有的呈云朵状，有的为脉状，有的为散点状。色皮的形成，是由于和田玉中的铁在氧化条件下转变成三氧化二铁所致，所以它是次生的。带皮色的子料，即使不加任何雕饰，也为爱玉人列为首选，价格比不带皮的子料高出许多。

糖皮：指和田玉山料外表分布的一层黄褐色玉皮，因颜色似红糖色，业内把有糖色皮壳的玉石称为糖玉。糖皮的厚度从几厘米到二三十厘米，常将白玉或青玉包围起来，呈过渡关系。糖皮实际上也是氧化作用的产物，系和田玉形成后，由残余岩浆沿和田玉矿体裂隙渗透，使铁元素转化为三氧化二铁的结果。糖玉的内部为白玉或青玉，又分别称糖白玉和糖青玉。

石皮：指和田玉山料的石质围岩外层，去除围岩后才能见到玉。围岩是在开采玉石时一起开采出来的，附着于山玉的表面。山料的外表因为有这一层石皮，难以断定内在玉质，因此必须切割去掉外表石层，才可判断玉质的好坏。

⊙ 按级别分类

和田玉的分类以颜色、质地、光泽、透明度、绺裂、杂质为基础。根据上述条件和要求，和田玉分为六类十九级。六类是白玉、青白玉、青玉、碧玉、墨玉、黄玉。这六类中白玉分为四级，即特级白玉（羊脂玉）、一级白玉、二级白玉、三级白玉。其余各类软玉每类分三级。

1. 白玉类

和田白玉因微量元素的含量不同，结构、成型的异常，绺裂、杂质

● 和田白玉随形雕花镯

的不等，会出现不同的颜色、质地、光泽。理论上讲：白玉是越白越好，但是太白了会变成"死白"。白而不润并不是好白玉，白玉一定要润，温润脂白才是上等白玉。下面将白玉和青白玉的分级详叙于后，供参考。其他玉料略述。

和田白玉分级表

级别	颜色	光泽	透明度	质地
特级白玉（羊脂玉）	羊脂白，柔和均匀	油脂—蜡状光泽	半透明状	致密细腻，滋润光洁（成品、工艺品如凝脂，无绺裂、杂质及其他缺陷）
一级白玉	洁白色，柔和均匀	油脂—蜡状光泽	半透明状	致密细腻，坚韧，滋润光洁（成品、工艺品基本上无绺裂、杂质及其他缺陷者）
二级白玉	白色，较柔和均匀，偶见泛灰、泛黄、泛青、泛绿	油脂—蜡状光泽	半透明状	较致密，细腻，滋润（偶见细微的绺裂、杂质及其他缺陷）
三级白玉	白中泛灰、泛黄、泛青、泛绿	蜡状光泽	半透明状	具有石花、绺裂、杂质等

2.青白玉类

青白玉是白玉和青玉的过渡品种，其上限与白玉靠近，下限与青玉相似，是和田玉中数量较多的品种。

● 和田青白玉俏色仿古牌

和田青白玉分级表

级别	颜色	光泽	透明度	质地
一级青白玉	以白色为基础色，白中闪青、闪黄、闪绿等，柔和均匀	油脂—蜡状光泽	半透明状	质地细腻坚韧，基本无瑕、裂、杂质
二级青白玉	以白、青为基础色，白中泛青，青中泛白，非青非白非灰之色，较柔和均匀	油脂—蜡状光泽	半透明状	质地致密细腻，偶见瑕、裂、杂质、石花等其他缺陷
三级青白玉	颜色以青、绿为基础色，泛白、泛黄，不均匀	蜡状—油脂光泽	半透明状	较致密细腻，较滋润，常见有绺裂、杂质、石花及其他缺陷

● 和田白玉、碧玉平安扣

3.青玉类

颜色由淡青至深青,颜色种类较多。有虾青、竹叶青、杨柳青、碧青、灰青、青黄等,一般以深青、竹叶青为基础色者最为普遍,青玉是和田玉中最多的一种。

4.碧玉类

碧玉又称绿玉,有暗绿、淡绿、鹦哥绿、松花绿、白果绿、葱绿等。其色润菠菜绿者为上品,绿中带灰者为下品。

5.墨玉类

墨玉由全墨到聚墨再到点墨,"黑如纯漆"者乃为上品,点墨和聚墨俏雕者价值极高。其中一级全墨玉,颜色通体呈"黑如纯漆",柔和均匀,质地致密细腻,坚韧,滋润光洁,油脂—蜡状光泽,半透明状,基本无绺裂、杂质等。

二级墨玉(聚墨),颜色黑色,呈叶片状、条带状、云朵状,分布在白玉或青白玉或青玉体中,均匀者可做俏雕利用,业内称为"青花料"或"青花子料",其价值更高。

6.黄玉

黄玉有栗黄、秋葵黄、鸡蛋黄、蜜蜡黄、桂花黄、鸡油黄、虎皮黄等色。由淡黄到深黄,以"黄如蒸梨"色者为最佳。但多年来已不易见到。

俄罗斯白玉

俄罗斯玉在化学组成、矿物成分、内在结构及外观形态上，与和田玉都非常相似。自20世纪90年代开始，在国内逐步得到了广泛应用。

俄罗斯软玉的历史

俄罗斯软玉包括碧玉和白玉。碧玉在18世纪末期和20世纪初期，对俄国工艺美术事业和历史文化影响深远。但俄罗斯白玉的开发历史则远远早于碧玉。据俄罗斯考古学家奥克拉尼科夫20世纪20年代研究发现：贝加尔湖地区的先民在距今4000年前的史前时代，就已经使用了白玉制作的工具和礼仪用具，如玉环、玉凿、玉护身符等。后来，苏联时期的有关研究，又将白玉的历史推到了6500年前，甚至是8000年前，可见历史十分悠久。

● 俄料原石

英国收藏家罗伯特·费雷1991年研究认为：可能早在明代或者清代，贝加尔湖白玉就通过贸易的方式进入了中国内地。费雷先生的结论值得重视。因为国内一些墓葬出土的古玉虽属透闪石软玉，但并不属于新疆和田玉。北方地区采用贝加尔湖软玉比采用和田软玉更具可信性。何况清代中叶以前，外贝加尔地区还是中国的领土。如果有证可考的话，

● 俄白玉料福在眼前玉牌

考古界、珠宝界"凡是以俄罗斯玉为原料的中国古玉都是假古玉"的说法似值得商榷。相信随着考古成果的增多和科技的进步，上述疑问早晚会得以澄清。

进入20世纪90年代，俄罗斯贝加尔湖白玉随着中国国内白玉热的兴起，开始商品化开采，俄料经满洲里等口岸大规模输入中国内地，俄罗斯白玉已经在我国的玉器市场中占有重要的一席之地。

俄罗斯白玉的产地

俄罗斯软玉大部分发育于西伯利亚克拉通南部的褶皱带，矿山位于西伯利亚十分荒远的地方，地处东、西萨彦岭和贝加尔湖附近的达克西姆维吉姆山上和山下的几条河流中，主要由四个矿区构成。所处地几乎人迹罕至，十分荒凉，即使最近的村庄也离矿山80多公里。

目前西伯利亚地质学家至少已发现二十余个矿床（包含200多个矿点），主要采矿点位于布里雅特自治共和国首府乌兰乌德所属的达克西姆和马格达林地区。在矿区山上和附近山下原始森林中流向勒拿河的几条河流里，如茨帕、维吉姆、克维克特、格留布、布龙和班布

卡河几乎都存有子玉、山流水玉，颜色有白色、青白色、青色、棕色、褐色等品种。但由于矿区位于被原始森林覆盖的河流中，每年开冰期短，河水冰冷刺骨，开采不便，产量较少。从目前国内了解的玉材来源看，俄玉90％以上为山料，山流水玉和子玉极少。

● 俄白玉山料原石

另外，在东萨彦岭的伊尔库次克地区也发现了浅色软玉。在贝加尔湖中也有次生的软玉矿床，但一直没有开采。该区的绝大部分软玉矿床与超基性的纯橄榄岩和方辉橄榄岩的形成有关。强烈的岩浆作用是其显著特征，并伴随着岩石与流体间强烈的交

● 俄白玉山料原石

代蚀变作用，由此在岩石中形成许多细小的团块和网脉。

维克姆地区的软玉有两种成因类型：即超基性的后期蛇纹石化作用和后期碳化作用。同花岗岩接触的白云石大理岩中的浅色软玉矿床形成与后一类型作用有关。该地区白玉的主要组成矿物为透闪石和阳起石，主要的结构类型为显微鳞片－片状变晶结构，含有其他矿物斑晶、结构不均一的软玉在各个矿区都有出现。在地质构造、矿床成因、矿物组成等方面和新疆和田白玉、青海白玉都有相似之处。

俄罗斯白玉的自然形态

俄罗斯白玉矿体呈透镜状、脉状、似层状、团块状等，产出于酸性岩浆岩与白云质大理岩的接触带中，其中以透镜状为主。透镜体大小不一。在它的横剖面上，可见明显的分带现象：从边缘到中心，玉料的颜色依次渐变为褐色—棕黄色—黄色—青色—青白色—白色；矿物粒度由粗逐渐变细；透镜体中央常有较高品质的白玉产出，颜色白，质地非常细腻。矿体由于受挤压构造运动的影响，含三价铁的溶液沿解理缝或裂隙渗滤，形成了颇具个性的棕色、褐色糖玉品种。这些糖玉与新疆白玉的糖皮、新疆山料玉中的糖玉，在色泽、分布、形状等方面都存在明显的差异。矿区附近原始森林的河流中，虽有子料产出，但开采不便，产量少。

俄罗斯白玉的主要矿物成分为透闪石，约占总量90%以上，矿物杂质含量较少，主要是白云石、石英、磷灰石、磁铁矿、粘土矿物等。其外在特征，从外形、硬度、外皮、颜色、透明度、质地和块度七个方面可以看出。

⊙ 外形

俄罗斯白玉子料的形成与新疆白玉子料的形成无明显差别，呈光滑的卵形。山流水白玉由于受风雨的冲刷和相互撞击、摩擦，外形已失去棱角，一般以片状为多，表面比较光滑。白玉山料属原生矿，表面粗糙，多见参差不齐的毛口表皮，多棱角而呈不规则块状。主要产出有：贝尔加湖新坑、老坑的糖白玉、白皮白玉、灰皮白玉。贝尔加湖矿山所出白玉、糖白玉，虽矿点少，但产量多，产出的块度也比较大，断口参差。糖料大面较整齐。

⊙ 硬度

大体硬度在摩氏硬度 5.2 ～ 5.4 之间。而和田玉的摩氏硬度在 6.5 ～ 6.9 之间。

⊙ 外皮

俄罗斯白玉山料的外皮很有个性，业内就其外表皮色来命名它的品种，称为"皮白玉"。这些外皮与其他山料玉一样，都是参差不齐的毛口表皮。俄罗斯白玉中的糖玉，因为特征非常明确，业内将其单独列为主要产出品种。

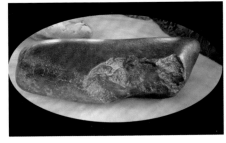

● 和田（俄罗斯）红皮子玉料

⊙ 颜色

俄罗斯软玉颜色丰富，主要有白玉、青玉、青白玉、碧玉、墨玉、糖玉等，其中白玉山料产量最高，多呈白色、灰白色、奶白色，是俄料中最好的品种。少量的以白色为基色，抛光会出现泛灰黄色。糖白玉的色调，从其切割的断面，发现它由外向内，有几层颜色变化。最外层是浑浊的米泔水似的灰白色，内含深糖色蜘蛛点状，第二层是深褐糖色，第三层是浅褐糖色，最后一直过渡到纯白色。这种天然的玉色渐变形成俄罗斯糖玉的独特典型特征，业内将这种渐变称之为"串色"、"串糖"。

33

● 俄料糖玉把件

俄罗斯玉独有的串糖现象，可见明显的色调过渡变化。

⊙ 透明度

　　俄罗斯白玉山料质地略干，透明度呈不透明—微透明状。玉里面的云絮状纹理呈团块状，显浑浊感，部分粥样模糊状是其独有的特征。它的结构"冰点"明显，并且比较大，灯下能见玉质中夹杂的"蟹爪纹"。

⊙ 质地

　　俄罗斯白玉的变斑晶结构较为发达，对质地有些影响。一些山料质地比较粗糙，在透光的地方，肉眼就能看到毡状结构。由于晶粒的粗细、排列不够均匀，透闪石含量不稳定，质感不够细糯，显得有些"刚"性，业内称雕刻时容易起"性"，产生崩口、崩点。但有不少玉料质地很好，甚至超过常见的和田玉子料。

● 俄料手镯芯料

⊙ 块度

块度是指白玉的大小或重量。在颜色、质地、绺裂、洁净度等相同的条件下，一般块度越大，价值越高。俄罗斯山料白玉块度大小不一，大块可达到10千克以上，大块的子料也有重5千克以上的，所以价值浮动较大。

● 和田（俄罗斯）玉山流水原石

35

俄罗斯贝加尔湖地区软玉的质量评价

品种级别	白玉（子料）	白玉（山料）	青白玉（子料或山料）	青玉（子料或山料）	碧玉（子料或山料）
一等品	颜色洁白，细腻、温润，无杂质、无裂纹，块重3千克以上	颜色洁白，细腻、温润，无杂质、无裂纹，块重10千克以上	颜色淡青白，细腻、温润，无杂质、无裂纹，块重10千克以上	颜色青绿，细腻、温润，无杂质、无裂纹，块重5千克以上	颜色碧绿，细腻、温润、无杂质，无裂纹、无黑点，块重3千克以上
二等品	颜色白，较细腻、较温润、无杂质、无裂纹，块重1千克以上	颜色白，较细腻、较温润、无杂质、无裂纹，块重5千克以上	颜色青白，较细腻、较温润，无杂质、无裂纹，块重5千克以上	颜色青，较细腻、无杂质，稍有裂纹，块重3千克以上	颜色深绿或绿，较细腻、无杂质，稍有裂纹，块重2千克以上
三等品	颜色白，较细腻、无杂质，稍有裂纹，块重1千克以上	颜色白，较细腻，稍有杂质，稍有裂纹，块重1千克以上	颜色青白，较细腻，稍有杂质，稍有裂纹，块重3千克以上	颜色青或油青，较细腻，稍有杂质，稍有裂纹，块重3千克以上	颜色墨绿或暗绿，较细腻，稍有杂质，稍有裂纹，稍有黑点，块重2千克以上

青海白玉

　　青海软玉在产出早期，曾有昆仑玉、格尔木玉、青海白玉（白色品种）、青海翠玉（翠绿色品种）等名称。后依照国家标准已统称之为青海软玉。但业界和民间仍习惯称其为昆仑白玉、青海白玉等。青海白玉是青海软玉的主要品种，质地细润均匀，块度较大，总体上透明度略高于新疆和田白玉，凝重低于新疆和田白玉。

青海软玉的开采历史

　　青海软玉开采的历史较短，始自 20 世纪 90 年代初期。由于是新开发的品种，刚起步时还未能被市场接受。1995 年河南镇平举办国际玉雕节时，青海机务段和矿山的有关人员还到节会推销青海软玉。所以在行内称为"青海玉"的阶段，它的市场地位并不高，价格和和田玉差距悬殊，许多时候在市场上冒充和田玉销售。但由于青海软玉（山料）块大、质纯、产量高，很适合批量加工玉器，被 2008 年北京奥运会选为纪念品指定用玉。由于奥运会的强大舆论宣传，青海白玉从此高调出镜，以"昆仑白玉"的名头响亮四方。自此以后，青海白玉开始业内看好，世人追捧，玉石原料和雕琢的玉器身价日益攀升。青海软玉的开发，为软玉的研究、

● 青海料白玉百财雕件

开采和利用掀开了新的一页。

青海软玉的产地

青海软玉矿隶属格尔木市辖区，位于距青藏公路沿线一百余公里的纳赤台，属昆仑山脉东段缘青海省的高原丘陵地区，地处昆仑山的南麓。昆仑山由新疆、西藏入青海、四川，在新疆、青海境内有 3000 多公里长，平均海拔5600 米左右。青海软玉与新疆和田软玉同处于一个成矿带上，昆仑山之东为青海玉，山之北为和田玉，纳赤台玉石矿西距新疆若羌和田玉矿直线距离不过 300 公里，所以昆仑玉与和田玉在地质构造背景上有着密切的联系，在物质组合、产状、结构构造特征上基本相

● 青海料白玉牌子坯料

● 产于三岔河玉矿的白带翠料

白色、翠色、浅烟灰三色聚合，翠色浓艳。

同。目前主要开采的玉石矿有三岔河（白玉、青白玉、翠青玉、烟青玉）、托拉海沟（糖色白、糖色青、鸭蛋青）、小灶火河（糖色青、碧青玉、糖玉、黄口料）三处。除这三个主要产地外，在九八沟、羊皮岭、向阳沟和茫崖等地也有产出。从理论上讲，青海昆仑软玉的找矿前景广阔，产出较易。

青海软玉矿由镁质大理岩与中酸性岩浆接触交代而形成，是典型的接触交代成矿作用的产物，矿体呈透镜状、肠状、块状等。矿物微细结构，致密块状，显油脂光泽。自青海软玉形成商业规模的开采之后，青海白玉和青白玉已成为现在玉器市场的重要原料。

青海白玉的特征

⊙ 产状

在产状上可分为三种：一是坑料。是从原生玉矿的矿洞中采出，相当于和田玉的山料。多色且有厚薄不等的白色玉璞。二是坡料，即黑皮料和黄皮料。前者是从原生矿中自然崩裂，直接出露于地表，滚落在山坡表面的玉块。经长期日晒风化，白色玉璞全部剥落后，又次生一层薄薄的黑皮，但原生状态基本保留。这种黑皮料内部最细密，温润白净，硬度也最高。坡料中有一种薄片状玉，民间称其为"钢板玉"，质地密实，敲击时有金属的声音，玎玲作玉珂之鸣，很受琢玉人的欢迎。后者被埋在 4 ～ 8 米深的粉土中。按其出露的位置又可分为阴山料和阳山料，阳山料多颜色均匀，阴山料则颗粒更细。这两种皮料产出地表因冷凝速度快致使颗粒较细，而后期氧化充分则使其玉质更好。三是沟料，即土皮青海料。系原生玉矿自然崩裂落入山涧溪流或山沟边，原生玉璞剥落不全。玉石上面多钙化黄色到橙红色的次生皮璞。由于坡料、沟料一般多裸露地上，随着昆仑白玉的知名度不断提升，吸引了各地采玉人蜂拥而至采拾，几年间几乎捡拾殆尽。黑皮料相当于和田玉中的子料，土皮料相当于山流水。这两种玉数量有限。目前青海出产玉料中坡料、沟料已不多见。白皮料是指在出材率很低的极重、极厚的僵白玉料中心存在的

● 和田（青海）白玉

特级土皮料，玉质堪比羊脂玉。

● 世界最大的三岔河白玉矿采掘现场一角

一小块细白的顶级白玉。这三种形态玉料，不论是质感、料性，都可媲美优质的和田子料，其价格由于原料的稀缺，更是与和田子料不相上下。

⊙ 外形

青海白玉是青海软玉的主要品种，也是产量最大的品种，业内人士习惯称其为"青海白"。总体上呈灰白—蜡白色，半透明，透明度明显好于和田白玉。质地细润，块头较大，少量可达到"羊脂白玉"的品质。业内人士据其外观特征形象称其为"四白"。

1. 奶白玉

由于透闪石中分布着一些游离镁质大理岩，所以白度高，色纯正均匀，质地细腻，微透明，其等级接近或达到和田白玉的羊脂玉级。这种玉多为片状，厚度一般在15厘米以下，色白，颗粒结构比较密实。玉肉与玉璞的边沿清楚。

2. 透水白

玉料透闪石的成分纯，质地细密，其特点是透度较高，水头十足，油分好，肉质有细嫩感。内行的玉雕师称为"冰糖冻儿"。凭肉眼观察，感到玉肉浅白色略偏蓝。

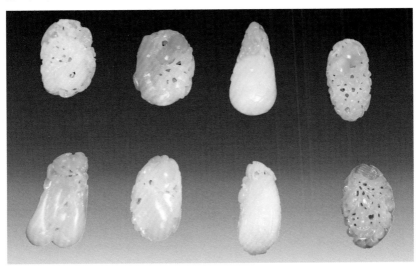

● 青海料翠白玉坠

3.青白玉

为浅灰绿—青灰色、浅黄灰色等，颜色淡雅清爽，半透明，质地细腻均匀。总体上透明度大于和田青白玉，水头足，均匀性好，深受业内人士欢迎。圈内人俗称透白青、淡白青、鸭蛋青等。

4.乌边白（黑边白）

肉厚可达30厘米以上，玉肉中间为白色，靠两边各有一条占总厚度20%～25%的浅灰、乌色玉肉。虽白度不及奶白玉，但白

● 和田（青海）白玉烟灰料和背射光图

色纯正柔和，玉质油润细腻，为上等好料，玉肉中一般不会有瑕、礓等毛病。

青海软玉除上述四种白色玉石外，尚有青玉、碧青玉、烟青玉、翠青玉、糖色玉等品种，其中翠青玉玉料在白底上分布有条带或星点状的翠色，既具有白玉的温润，又有翡翠的鲜灵，其产品的俏色组合深受市场的青睐。而碧青玉由于颗粒极细（小于0.001毫米），在青玉中最具玉性，因其颗粒细、油性足、可琢性和抛光性好而受到业内广泛欢迎。尤其是天蓝色的细种，扬州玉雕师父昵称之为"碧青玉"。这几种青色玉石应用广泛，受到业界欢迎。

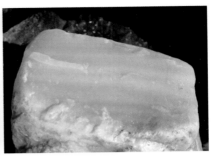

● 和田（青海）白玉原料

水性较大，透明度较高。

⊙ 透明度

青海白玉的透明度高于新疆白玉和俄罗斯白玉，大多呈半透明状，质感和凝重度不如和田玉和俄罗斯玉，因而不宜做一些薄的玉件。有的青海白玉透明度在同一块料上表现不够均匀，往往是局部块面呈半透明状，局部块面不透明。据研究，昆仑软玉的"透"是纤维交织结构中填充硅灰石所致。但玉雕艺人往往会利用青海白玉的这种特点，灵活设计，巧雕作品。

● 青海料白玉牌

⊙ 质地

青海白玉的内在结构为粒度稍粗但比较均匀，质感比较细腻而略显"嫩"灵，水头虽足但油润度较低。透明度较高的青海白玉，硬度稍低，比较容易看到石花、脑花、絮状礓花以及黑褐色黟状斑点。抛光后的视觉感受是水气大而不是油性强，透视观察，玉里有"水线"（玉筋）、"水露"纹、"石筋"、"石钉"等玉性。

青海白玉由于同和田玉不一样的透明度、质地特征，色泽晶莹，洁白无瑕，玲珑剔透，比较吻合现代人的审美意识，为年轻人喜爱并接受，在白玉市场上得到广泛应用。

韩国白玉

韩国白玉的历史

　　韩国春川白玉是一种古老的玉石。据国外知名学者罗伯特·费雷1991 年研究认为，在韩国发现的新石器时代玉制工具，是用春川所产的白玉琢成。在首尔国家博物馆里展出的古代玉制工具可以切割皮革，说明高句丽民族在远古时代，已经使用了以春川玉石制造的工具。罗伯特·费雷还认为：韩国新石器时代的玉制工具，应该与中国东北辽宁地区的红山文化玉器有某种联系。朝鲜历代王朝向中国进贡的礼品中有玉器、人参、北珠等。史书有韩国在明朝时进贡玉器的记载。上述事实说明，韩国春川白玉采掘的历史悠久。

　　目前，韩国春川玉的老坑已经基本采完，现在出产的玉料为新坑。

● 韩国春川白玉料手镯

韩国白玉的产地

春川白玉属白云岩型软玉矿床，产于前寒武纪白云质大理岩和角闪片岩中，并有晚三叠世的春川I花岗岩浸入。矿床的形成晚于围岩的变质作用。矿石总储量约有30万吨，属世界级的大型玉矿之一，矿体呈透镜状产出，一般长几米，厚度可达到一米。透镜状矿体多产于大理岩与片岩的接触带。其中三分之二玉料达到宝石级。

韩国白玉产地在韩国中北部春川市郊区的山沟里，东距首都首尔约两个小时车程，距三八线不远，位于韩国与朝鲜分界线的南侧，属汉江流域。

韩国白玉由韩国大一矿业集团开采，矿业的注册商标为"玉山家"。该软玉在韩国首尔设有专店销售。在中国主要销往河南省镇平县石佛寺镇中转。据说自2007年以来，韩国白玉已销往我国数千吨。

● 韩国春川玉坯料

● 韩国春川白玉二级玉料

● 韩国春川白玉料玉蝉

韩国白玉的外观特征

⊙ 颜色

　　韩国白玉颜色多呈带极浅灰黄绿色调的白色。颜色分布均匀，略有干白感，部分玉料肉眼可见细小针状白点。

⊙ 光泽和透明度

　　油脂—弱玻璃光泽，但光泽不柔和；微透明至不透明，透明度低于青海白玉，玉质不如和田白玉温润；玉器抛光后，油脂光泽不强，略有蜡状光泽感。肉眼总体观感玉质偏干，细腻感、温润感低。

● 韩国白玉青花料

● 韩国玉特级料

● 韩国玉是白玉玉器市场的主力军之一

韩国白玉的矿物成分和结构特征

偏光显微镜下观察，韩国白玉的主要矿物成分是透闪石，呈放射状、纤维状、纺锤状等较不均匀分布。由于透闪石含量高，所以很少发现杂质矿物。在偏光显微镜下观察，韩国白玉的结构特征为：

毛毡状交织变晶结构。具有该种结构的白玉外观较细腻、致密、润泽，但这种结构所占比例较少。

鳞片状变晶结构。该种白玉质地较粗，在韩国玉料中较为常见。

中粒变晶结构。这种结构的白玉质地也较粗。

似变斑晶结构。这是韩国白玉的常见特征，也是区别其他白玉的标志性特点。这种结构在玉石外观上可见到白色的颗粒呈点状较均匀地分布，与周围的透闪石边界清楚。该种白玉的质地也较为粗糙。

韩国白玉虽然与和田白玉、俄罗斯白玉、青海白玉相比品质明显不同，但它的开发利用，丰富了玉器原料市场，对弥补白玉资源日益短缺的中国玉雕市场作用积极。加上其主要成分与和田白玉相近，外观上也与其他白玉差别不大，价格又明显不高，其开发前景将会看好。

● 韩国春川白玉三级料，利用率极低

● 韩国春川白玉三级料局部放大图

白玉的主要特点

白玉的质地

评价白玉的最重要因素是质地。白玉质地由本身固有的结构所决定，包括滋润、光泽，有否裂纹、杂质等，是综合性的表现。细腻滋润是鉴别白玉的主要依据，人们爱白玉也正是喜欢它的"纯"和"润"。其中最珍贵的是羊脂白玉，其色如脂，质地极纯极润。其次是普通子料、山料白玉，色也白，但纯和润不如羊脂玉，特别是润度方面要差一些。因此，掌握对白玉质地细腻滋润的鉴定是非常重要的。白玉的细腻程度、透明度和油脂光泽等，是反映白玉质地好坏的三个主要方面。

好的白玉坚硬细密，给人的感觉：一是外观很细腻，二是坚硬不吃刀。质地细腻的美玉一般密度较大，手感有明显的沉重感。

如何判断细腻程度？可通过作用玉石的自然光线来观察。若白玉内在结构的各处对光线的作

● 和田白玉百年好合玉牌

● 和田红皮子料一生平安玉瓶

用没有明显差异，肉眼看起来均匀一致，没有瑕物存在，这种白玉的质地就很细腻。质地细腻的白玉一般符合以下几方面的要求：晶粒间隙小；晶粒粒度均匀；透光性能一致；显微裂隙少。

质地细腻的白玉往往结构紧密，凝重感非常强，呈现的效果是半透明，甚至是微透明状。和田白玉往往会呈现这些优质条件，而青海白玉山料由于质地相对松，其透明度就偏高，质地明显不如和田子料好。

● 和田玉牌子

白玉的油脂和油润度

白玉表面的油脂光泽程度基本反映了它质地的细腻程度，子料的质地细洁紧密，它的油脂度就强。而山料质地相对较松，它的油脂度就弱。

好的白玉要体如凝脂，给人的感觉应该像刚切开的新鲜羊脂，又油又糯又酥。白玉的光泽与翡翠截然不同，翡翠以鲜明光亮、

● 白玉把件加官进爵

光泽外射为美；而白玉则以"精光内蕴"、内涵充分为美。

白玉的油润度包括两方面，即油润光泽的视觉感和油滑润手的触摸感。

白玉的油润度和油脂光泽互为因果。白玉一般都具有程度不等的油脂光泽，油脂光泽越强，质地越好。导致白玉呈油脂光泽的主要原因是内散射光，它是射入玉石内部的光线经玉石内晶粒散射后，再次进入人眼的那部分光线。玉石的紧密度越高，光泽越强。但硬度过高，光泽会偏刚性。刚性的光泽对翡翠来说是好的，但对白玉来说则是缺点。另外，软玉打磨越细，越会显得光泽度强，油脂感强。

触摸感一般指手感。手感上的油性是指触摸玉石时略有阻力感的油滑感觉。就像手里握着一坨羊脂油，用手一推，有一种油要化开的滑润感觉。在手感方面，和田子玉具独特的优势。山流水料、戈壁料、山料则次之。

● 收藏级的和田子料

白玉的透明度

透明度是白玉透光强度的真实表现，是检验白玉的重要指标之一。这种表现既与白玉内部结构有着非常密切的关联，又对白玉质地、颜色的好坏能产生烘托作用。

● 白玉节节高玉牌

各种白玉都有自己的透明度，而每种玉材不同的最佳透明度可以把玉材自身的质细、色美烘托得更好。观察表明，以和田玉为参照系数，有些玉材不透明，质地干，不滋润；有些半透明或近半透明的玉材，则缺乏优质白玉所特有的油脂光泽。只有拥有了油脂光泽的滋润度，这块白玉的透明度才算最佳。但截至目前，国内尚缺乏一个明确的共同透明度标准。要确定某种玉材某块玉料的透明度是否最佳，其判断能力需在实践中不断努力积累经验。而初入门的玩家，应多向经验丰富的师父请教，然后在赏玉、选玉的过程中积累知识。

白玉内部的絮状和米粒状

白玉内絮状的细密均匀程度即白玉结构的细度，是白玉很重要的品质指标之一。各种白玉玉料中絮状的不同，是造成成品外观和手感差别的主要原因之一。

子料里面一般都会有短云絮结构，用专业电筒观察短云絮结构需打侧光看，而不是从背面打光。背面打光只能看到杂质，难以看到内部结构状况。对子料而言，云絮越细密越好。羊脂白玉在经过点光源侧向照明后，会呈微透明的密集云絮状，均匀分布在云絮状基底中散布透明度不等的细小斑块；俄罗斯白玉的子玉一般云絮结构较大，同时夹杂斑块结构，但也有少量很细的以至看不到结构。总体上，对子料而言，打光看不到结构的只是少数。

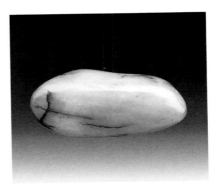

● 和田玉子料

● 和田玉子料

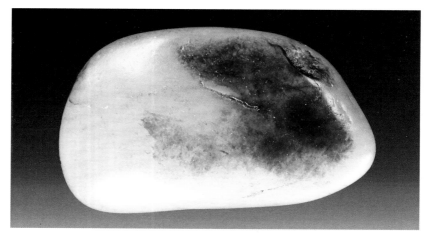

● 和田玉子料

　　新疆白玉山料的内部云絮状纹理松散，往往出现长条状、长丝状。而俄罗斯白玉山料里的云絮状纹理呈团块状，夹杂许多蟹爪纹，结构松。青海白玉山料打光后看不到结构，因为青海白玉并不是云絮结构细密，而是云絮结构发育不全。放大后会发现，更多的是纤维状与叶片状交织而成毡状、束状结构，并有絮状棉绺或黑褐色黳状斑点。因此打高光后看不到絮状结构的以青海老料和优质俄料居多。而韩国白玉在光照下多呈现鳞片片状，中粒细变晶状，似变斑晶状，毛毡状交织则较少。因此，韩国白玉的成品外观次于和田白玉、俄罗斯白玉和青海白玉。

　　白玉内部结构中米粒的大小及均匀程度对玉质影响很大，也是判断不同品种玉料的重要依据之一。白玉的米粒状其实是其晶体颗粒，颗粒越小，排列越均匀一致而无明显差异，玉石的质地就越细腻。另外，米粒状紧密镶嵌，单个米粒的边界不明显，间隙小，它的质地就比较细腻。

　　子料结构虽有松有密，但其颗粒的大小一般远较山料和山流水料细。而俄罗斯白玉和青海白玉一般颗粒比和田玉大，所以在打磨时容易出斑点现象。

　　韩国白玉因为颗粒感很强，用肉眼即可看到细小的白点，所以不光在切割时容易崩口，抛光后细腻感、温润感一般也比较低。

白玉的白度、密度和净度

⊙ 白度

白玉无论山料、山流水料、戈壁滩料和子料均讲究白度，都以颜色越接近白色越好。即使白玉中相同的玉种，相同的玉料，相同或相近的质地情况下，仍然以色白者为最优。但什么样为色白？白到什么程度为好？目前业界尚无量化的标准，度的把握完全凭业者经验来掌握。一般情况下，白色与质地相结合，白得温润，白得自然，白得赏心悦目即为白度合适。而灰白、惨白、苍白，白中带阴，白里带瓷则不为人所喜爱。如果不讲质地，只求直白，走向片面则不足取。

● 白玉福临门坠

⊙ 密度

白玉的密度和白玉结构的致密程度是两个概念。密度是间隙大小，致密度是高织程度，像青海白玉结构致密程度高于和田白玉，玉料甚至抛光之后都看不到结构。但和田白玉密度在 $2.922 \sim 2.976$ 克/厘米^3 之

● 和田玉子料瑞兽

● 和田玉子料梅兰竹菊摆件

间，一般为2.95克/厘米^3，而青海白玉的密度一般在2.9克/厘米^{3}左右。因为密度小大的差异，和田白玉的手感明显重于青海白玉。因此，相同大小的白玉，密度越大分量越重；反之，密度越小重量越轻。密度比白度更重要。

白玉的密度和物理学上的密度（比重）虽然相关，但并非完全一致，它是指该物质是否致密，即白玉材料里面间隙的大小，和翡翠的种是否老有些类似。凡间隙小密度大的白玉，在同样的打磨条件下产生的光泽比较强烈。

测定白玉密度的办法有静水称重法、重液法和手工掂重法三种。

静水称重法一般使用手持式弹簧秤。手持式弹簧秤可称重10～1000克样品的相对密度，对小原石和小玉件，这种办法快速而准确。但弹簧秤称玉时需先将玉石擦净，气泡消除，以免出现误差。重液法是测定宝玉石的近似相对密度值，这种方法可以快速准确地区分外观非常相似的玉石材料。但一般收藏者没有实验室这种条件，而在交易现场用重液法也不现实。因此有经验的专家或业者，常用手掂的办法来区别玉材，这便是市场交易中常用的手掂密度测量法，熟练掌握后一般管用。

⊙ 净度

白玉的净度是指白玉中绺裂的程度和含杂质的情况。在同等玉质条件下，以没有或少有绺裂、杂质为净度最好。但在不同玉种、玉质条件下，净度的标准也不一样。如青海白玉、韩国白玉的块头一般较和田白玉块头大，净度也好于和田白玉。如果不讲玉质只求净度，反而超过和田白玉。和田白玉偶有不同程度的瑕疵，如裂缝、黑点、白点等，这当然会影响玉的价值，以尽可能没有瑕疵最好。但瑕疵如善加利用，变瑕为瑜、变瑕为巧，反而会增加玉的附加值，这种天然的缺陷美，是自然石质的最有力见证，但瑕疵多时则会影响玉的品质和价值。

● 白玉提梁壶

鉴别白玉优劣，一般从形状、颜色、质地、净度等方面去评价。白度是颜色的指标，密度是质地的指标，净度是观感的指标。其中质地是白玉评价的核心因素，关键所在，比颜色更重要。

白玉的皮张

白玉除新开采的山料外，一般都有玉皮。玉皮按其成分和产状等特征，可分为石皮、糖皮和色皮三类。

1. 石皮（见前述）

2. 糖皮（见前述）

3. 色皮

和田子玉外表分布的

● 白玉壶

一层褐红色或褐黄色玉皮，业内习惯上称为皮色子玉，有秋梨、芦花、枣红、黑等颜色。琢玉艺人以各种皮色冠以玉名，如秋梨黄、虎皮子、枣皮红、洒金黄、黄蜡皮、黑皮子等。世界上一些白玉子料带有此色，

● 枣红皮子料

● 收藏级的洒金皮和田玉子料

● 收藏级的和田红皮子料

● 红皮、芝麻皮双色皮子料

● 秋梨皮子料

● 和田金皮子料

但均不如和田玉皮色美丽。利用皮色制作俏色玉器，自然成趣，业内称为"得宝"。

和田子玉色皮的形态各种各样，有的呈云朵状，有的为脉状，有的成散点状，有的呈弧线状。色皮的形成是次生的。自古以来，同等带皮色的子料价格要比不带皮色的子料贵。自然灿烂的皮色，是和田玉子料特有的特征，也是真货的标志。

和田玉子料原生皮色的特征大体分以下五种：

（1）全包裹、微透明

浑圆的子料，皮色必然是全包裹的。巧雕、人工开门子和分割成小块的除外。呈微透明、滋润明亮，有油脂光泽，手捂或手握一二分钟，即见其"出汗"。

（2）颜色自然

子料在河床中经千万年冲刷磨砺，受到其他矿物质的浸润渗透，自然受沁，会在质地松软的地方沁色，在有裂隙的地方深入肌理。皮的颜色应是由深变浅，裂隙的颜色则由浅至深。这种皮色自然、耐看，抢眼而不碍

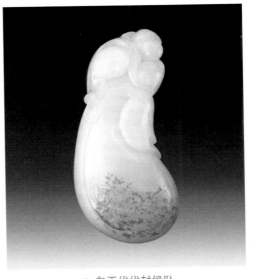

● 白玉代代封侯坠

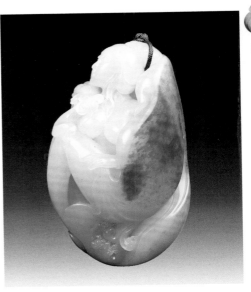

● 和田子料母子情深坠

眼。其色泽随岁月增进愈显亲和力。

（3）皮色有层次感，皮肉呈渐变过渡状

由于子料的皮色是在原砾石表面慢慢形成的，是风化和水的解析作用以及大、小气候循环制约等因素分阶段共同制造的，所以颜色沁入玉内有层次感，皮和肉的感觉是一致的，呈渐变过渡状。

（4）皮似有一层不同颜色的毛毡

这类子料多为石皮子料。由于形成璞玉的特殊围岩条件以及透闪石矿物的纤维交织结构，这类子料尽管已风化磨砺为浑圆状，但是其表面会有皮肤毛孔一样无数细细密密的"小砂眼"，呈毛毡状，犹如凹凸不平的麻皮坑，在10倍放大镜下可以看出。砂眼麻皮坑分粗、细两种。

（5）有皮无色的子料

无皮色的子料多属于山流水料，俗称"白皮"。肉色即是皮色，皮色即是肉色，可呈深浅不同的颜色。所以，也有人按颜色对和田玉进行分类。不过无论是白玉、黄玉或墨绿色玉子料，其表面都多少有层包浆或沁色。

● 白玉仿古尊

白玉的沁色

　　和田玉的颜色可分为两大类：一是原生色，二是次生色。

　　原生色包括玉的本色、玉中杂质的颜色，与围岩相接之处玉与石交融的颜色，以及玉在成矿过程中再次交融，再次变质改变的颜色。和田玉的原生色可分为白、黄、青、碧、墨等色，包括它们之间交融和玉中杂质色泽的参与呈现的不同色彩。人们往往依据玉的新色彩来给玉命名，以区分不同的玉种。如青白玉、青花子玉等。

　　次生色包括天然次生色和人为次生色。天然次生色是指在风化、淋滤、浸染、光照、氧化等自然作用下，玉的颜色发生了改变。人为次生色则是玉被人开采后，制作成各种器物，由人佩戴、盘摸、染色、随葬，后发掘出土，再为人所佩戴、把玩而造成的颜色改变。

　　玉的次生颜色作用在玉表皮上面叫皮色，作用在玉裂隙上的颜色叫沁色。虽然二者生成的原因基本一样，但皮色能作为和田子料判断

● 子料上的伤痕处，沁色一般较深

的依据，而沁色只能作为子料判断的参考。

　　白玉子料的表皮非常光滑，铁质等其他金属元素难以在短期内黏附其上并沁入白玉形成皮色；而白玉山流水料、戈壁料或子料裂隙处的质地相对较松，铁质等杂质较容易进入而形成沁色。所以白玉中的沁色通常比皮色的颜色要深些，这证明白玉皮色的形成较沁色的形成更久长。

　　有些山料同样有沁色出现，这是因为雪冰雨水把山料周围土石中铁离子等杂质带入裂隙中，从而形成沁色。山料沁色的现象和田白玉较少见，而在俄罗斯玉山料中则较多出现。

　　玉的沁色除天然次生色外，还有人为沁色。这是因为一旦玉进入了人们的生活，就会受到人为的影响。一是因为玉在长期佩戴、盘摸的过程中，传世的玉器会在表皮和内部慢慢出现转色，这是由于人的汗脂、生活用品的接触、空气氧化、光照等因素造成的，不少传世古玉还会在皮壳上和沁色部位留下细细的磨痕；二是葬玉会在墓中与随葬物品和墓葬周围矿物土壤相互接触，使玉受到沁变，从而改变了原来的颜色；三是因为人为在玉器沁色部位加工，作上图案、线条或颜色，这种颜色的改变是人类活动造就，所以叫人为沁色。

　　因为作假的沁色比作玉皮的沁色相对容易，所以假的沁色子料屡屡见到。因此对于有沁色的枣红皮、金钱皮等易作假的玉料要特别留意。

● 石佛寺玉料市场上选料的玉商

白玉的玉性和绺裂

白玉的玉性和绺裂都是自身的缺陷。好的设计师和玉工往往能够因势利导，善用玉性和绺裂，通过雕琢、镶嵌、涂油、封蜡等手段，消除或遮盖这些缺点，使之成为好的作品。

玉性是指玉的结晶构造。玉的结晶颗粒形状多种多样，排列也不尽相同，表现为不同的性质，称为"性"。越是好玉，玉性的表现越不明显。玉性实际上是玉的缺点，好的子玉表现无性或玉性表现不明显。

"绺裂"是泛指玉石上所有的裂纹，按照行话所讲，小的裂纹称绺，大的裂纹称裂，合起来称"绺裂"。玉料的绺裂，有的是成玉过程中构造运动形成的，有的是开采过程中产生的。根据不同的裂纹与分布，它的粗细、长短、深浅都不相同，如长而深的称"碰头绺"，边缘浅而中间深的称"抱洼绺"，玉内部的称"胎绺"等。"活绺裂"指细小的绺裂，有各种各样的，如主要分布于表面上如指甲状的"指甲缝"，由表面向内呈鱼鳞片状的称"火伤性"，多呈一致方向细牛毛性"等。

一般来说，死绺好去，活绺难除。经验表明，凡是显在堵头或硬面的绺绝大多数能侵入内部；除胎绺难于预测外，其他绺裂都能反映在玉面上，只要把堵头表面皮切出平面，死活绺裂一般都能显示出来。

59

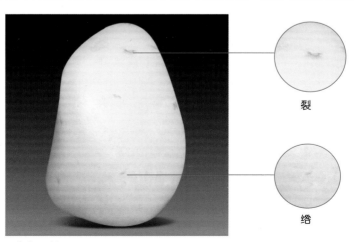

裂

绺

● 光白子料

几处浅浅小伤，并不影响她的瑰丽面容。

白玉的雕琢工艺

一般来说，现代白玉的加工程序，包括选料、设计、琢磨、抛四个主要阶段。了解白玉的制作工艺，有助于更深刻地认识和鉴别各种玉器。

选料

这是第一道工序，目的是正确合理选用玉石原料，以达到物尽其美。玉石品种多，变化大，首先必须判断玉石的种类及其质量。这主要根据质地、颜色、光泽、透明度、硬度、块度、形状等指标来判断，从而确定作什么产品。力求优材优用，合理使用。必要时还要进行去皮、去脏、切开等审查工艺，以"挖脏遮绺"、"量料施工"，把玉料吃透，避免或减少玉料的缺点。选料是非常重要的步骤，富有经验的

● 和田子料国色天香把件

郭万龙作品

● 油锯机上待切块定型的青海白玉料

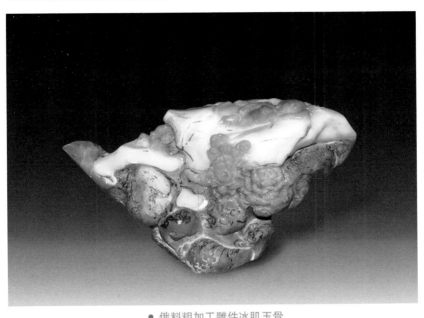

● 俄料粗加工雕件冰肌玉骨

艺人，只要看一看、摸一摸白玉原石，就能认清玉石的本质，从而选择精确，巧妙用料，使产品效果突出，引人入胜。

对和田玉的选料，要对原石或玉料表面仔细观察，如果玉质量好，玉性少、绺裂和瑕疵少，可依颜色和块度大小及形状确定选用。方形料宜用于器皿造型，三角形料宜用于鸟类造型，长条形料宜用于人物造型等。如玉有性、瑕疵、绺裂，可切下阴阳面一端的表皮进行观察，以确定是否选用。带有一些瑕疵的玉料只要有好玉存在，也应在选用之中。

设计

玉器产品不是定型产品，每件都有变化，设计工作要贯穿玉器制作的始终。设计首先是造型设计，即根据玉料特点设计造型，使造型舒适、流畅和受人喜爱。为此，必须发挥原材料的特点与造型美相结合，突出料的不同特点，如质地、光泽、颜色、透明度等。否则，就会浪费玉料或歪曲玉料的原形。质地美，发挥玉的温润特性；颜色美，注意表现艳美题材。造型设计还要从玉材特性出发，保证工艺技术可以制作。如脆性大的料，不可太玲珑剔透；韧性大的料，可作细工工艺。

造型设计的基本标准，一是用料干净，即"挖脏遮绺"，使产品上无明显的脏和绺；二是用料合理，把玉料质最美的部位放在最显眼地位，并占用料最大体积；三是量料施工，根

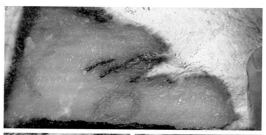

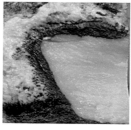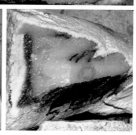

● 俄罗斯玉灰皮料的不同表现

据玉料的质色，施以最恰当的工艺；四是造型美，形象逼真、美丽、生动，富有情趣，主题突出，四衬平稳。

玉料的设计过程有四步：仔细审料，成竹在胸，设计考虑周密后，第一，在纸上试笔画样，勾勒出作品的大体轮廓。第二，先在玉料上粗绘图形，即"勾样"。第三，画细样。玉工按粗绘的画样切下不同的多余料子，即作出精坯，再仔细碾琢时，还要把局部细致的图样绘在坯上。在制作过程中如出现变化，要随时修改画样设计。设计者与制作者相互配合，才能使玉器精益求精。第四，最后审定。玉工按粗细画样辗玉完成后，还需经设计师等审核评定，业内称之为"了作"。

和田玉的造型设计，要根据玉质和玉色等精心设计。有的一块玉料可以设计几件产品。有小绺和石钉的玉料用于仿古玉器，效果很好。有俏色的玉料在造型中巧用俏色，可使产品更加生动有趣。白玉料应突出洁白和润美，造型面要求圆润，多用于器皿造型。在人物中制作仕女、佛像，象征道德情操美。青玉色浅淡的，可用于薄胎造型。色浓重的，可制作形态较大的兽类造型。墨玉根据全墨、聚墨和点墨不同情况造型，全墨多用于器皿，聚墨用于俏色。玉山子可用有石和绺

的玉料,造型选用玉质好的地方,题材多样化,以提高玉的利用率。

琢磨

设计完成以后,接下来制作者利用磨玉机和工具、磨粉等,按设计意图进行琢磨,加工成产品。琢磨是按设计要求出造型的一道大工序,操作通常分为切割和琢磨两个分工序。

切割工序较为简单,即用切割工具除去石皮及设计轮廓以外的边角余料。此外,也要挖去不能用的瑕疵或脏点,剔除有碍设

● 白玉手镯是否成功,最后的琢磨很关键

计的杂石等,最后得到一块初具雏型的玉雕料坯。琢磨则是出设计造型的工序,其基本手法和步骤是冲、磨、钝勾等。琢就是利用铡砣、钘砣等,将造型中的余料切除,其手法有铡、摽、抠、划等。磨就是利用冲砣和磨砣等,将造型中的余料研磨掉,有冲和轧的不同方法。

在基本造型完成后,为清晰细部,还要进行勾、撤、掖、顶撞等工艺。勾是勾线;撤是顺勾线去除小余料;掖是把勾撤后的底部清理清楚;顶撞是把地纹平整。此外,还有叠挖、翻卷等工艺,把花瓣、衣边做得飘洒。打孔、镂空、活环链等工艺一般是琢磨时一起进行的。

和田玉的韧性大,在制作产品中,尽可能施以细工工艺,使其形准、规矩、利落、流畅。细工是细部的精加工技术,难度较大,是精美玉器的一个重要标志。和田玉用以制作薄胎,更能反映玉质之美,薄胎玉器是中国精美玉器的重要品种。其制作技术主要是串膛和做花,使造型薄厚均匀,色泽一致,产品以器皿类为主。在一些玉器中还勾槽压金银丝和嵌镶宝石,压丝嵌宝技术是很有特色的技术之一。此外,在制作中还要注意玉性处理,不能因有玉性把宝贵的玉废掉。

抛光（打磨）和上蜡

琢磨好设计造型的玉器，还要进行抛光。抛光是把玉器表面磨细，使之光滑明亮，具有美感。抛光的具体操作过程与琢磨类似，但使用的工具和磨料（即抛光剂）与琢磨时不同。工具一般用树脂、胶、木、布、皮、葫芦皮等，制成与琢磨时的铁制工具或钻粉磨头形状类似的工具，带动抛光粉进行抛光；也可用振动抛光和抛光机抛光。抛光首先要去粗磨细，即用抛光工具除去玉器表面的糙面，把表面磨得很细；其次是罩亮，即用抛光粉把玉器磨亮；再次是清洗，即用水溶液把产品上的污垢清洗掉；最后是过油、上蜡，以增加产品的亮度和光洁度。

白玉的抛光办法实际有两种。一是高亮，即"亮度"，这是一般玉雕工艺品（如炉瓶器皿等摆件）要求的传统"抛光"亮度。这种抛光方法是借助于机械的转轮，用几十道不同粗细的细金刚砂泥，最后用竹制、皮制的专用工具加上抛光粉打磨出的光亮。用这种方法抛光

● 抛光师傅正在用砂条磨光玉器

● 抛光师傅正在对福字白玉牌进行抛光

出来的作品具有较高的亮度，有反光般的感觉，侧光下观察不能见到"水波浪"现象。这种抛光工艺在白玉作品中还经常用于挂件或小饰品的光洁。另一种光亮工艺——"打磨"，实际决定着一件白玉艺术品能否真正达到完美的关键。"打磨"也称"乌亮"，是白玉摆件、手把件、子冈牌、山子雕最常用的抛光方法。它是通过手工用砂石条将玉件磨细后达到的光洁度，有磨砂、吸光的感觉，也称"亚光"。

不罩亮就过蜡，易于反映白玉润厚内涵的特点和凸现质地的油润感。这种打磨手法，以前常用于仿古玉器的光亮，当前用于把玩件更能凸现白玉的油脂感。玉雕行业对于光洁工艺有种约定俗成的做法，对翡翠用"抛光"的手法，白玉则用"打磨"的手法。翡翠经"抛光"后，非常显料，能使翡翠的透明蝇翅质一露无遗，它的美，自然展露，完美敞亮；而白玉经"打磨"却能隐亮，使白玉的暗藏润泽感渐显渐亮，它的美，是慢慢发现的，是与把玩者互动，慢慢盘亮的。"抛光"和"打磨"这两种工艺把不同玉石的优势都表达得十分完善。

上蜡又称过蜡，是白玉制品在抛光之后要进行的一道工序。它不是加工工序，而是玉器的处理工序。业内习惯上把其归入抛光工序。

● 抛光白玉专用的各式砂条和指套

● 上蜡用的川石蜡

上蜡通常有两种方式，一是蒸蜡，二是煮蜡。蒸蜡是预先把石蜡削成粉状，将玉件在蒸笼上蒸热，然后将蜡粉撒在玉上，石蜡熔化使玉器表面布满石蜡，尔后用未使用过的棉布将玉件反复拭亮。这种封蜡方法只限于玉件表面，对玉件的绺裂不能遮盖。煮蜡则是在一定容器中将蜡煮熔，并保持一定温度，将玉件放入一筛状平底的容器里，侵入热蜡液中，使其充分浸润，然后提起，迅速将多余的蜡淋干净，并用干净白布反复擦去附着在玉件表面的蜡液，同时，要特别将玉器的凹缝之处擦拭干净，从而使玉雕工艺品熠熠生辉。这种上蜡办法可使蜡质深入玉件的绺裂隙中，有着较好的遮盖效果。

● 和田（俄罗斯）白玉引福进门吊牌

张红哲作品

鉴定技巧

新疆白玉的鉴别

鉴别基本原则

　　鉴别和田白玉的优劣方法很多，但基本上可从形状、颜色、质地、净度等方面进行。

　　上乘的和田白玉应该具有色白、温润、细腻、坚韧、皮美五个特征。好的和田白玉同样具有质地细腻，颜色明快，脂白均匀，无性或少性，无绺裂瑕疵或少绺裂瑕疵五个特征。这些特征辩证联系，相互交叉，相互作用。把握好这些重要特征，就可以基本掌握辨别白玉优劣的标准。评价俄罗斯白玉、青海白玉、韩国白玉，一般参照和田白玉的鉴别标准。

　　从玉石种类上来说，和田白玉总体上在四大白玉品种中名列榜首。

● 和田玉羊脂玉吊坠仿古龙

● 和田白玉钟馗纳福佩

在和田白玉里面，和田子料最好，色白滋润，质纯粒细，坚韧性好，绺裂瑕疵少。然后依次为和田戈壁子玉、山流水料和山料。

新疆和田白玉的主要特点、主要特性、质量评价已在前文有所介绍，可在与俄罗斯软玉、青海软玉、韩国软玉比较时参考。

新疆白玉的色差与档次

和田白玉的色差是由于白度细微差距所造成的。业内习惯上把白玉的白色分为奶油白、雪花白、梨花白、象牙白、鸡骨白、羊脂白等。其中羊脂白是传统公认的最好品质白玉。

新疆白玉的杂色和巧作

　　白玉的质地中往往混有其他物质的颜色，成因十分复杂，业内称为"杂色"。杂色多时就变成"脏色"，难以利用。旧时玉界认为杂色有损玉质，往往在加工中想法剔除。而在当代玉雕界，多有玉雕师傅发挥创意，巧妙利用玉料，化腐朽为神奇，变杂色为俏色，不光增加了玉料的艺术价值，提高了作品的观赏性，而且杂色料摇身一变成为唯一的艺术品，产生独特的艺术和经济价值。

　　白玉料上呈现的黑色小点或丝条、过渡色，本来是杂色的一种，但巧加利用，则可成为青花子料雕件，呈现别样的艺术魅力；如果黑色连片聚集，则又变成墨玉，摇身变为上等玉料；受地壳变化和多色金属离子作用产生的多样糖色，经玉雕艺人巧妙设计、合理雕琢后，更会提升作品的艺术价值和经济价值。

● 和田子料洒金皮俏雕硕果累累吊牌

新疆白玉的产状与特征

根据产状不同分为子料、戈壁料、山流水料、山料四类，各自的特征都比较明显。

⊙ 子玉的特征

白玉子料属于冲、洪积型，出自河流的中下游河床中，千万年来由于风化剥蚀、水流冲击，使得表面光滑圆润。它一般为卵石形状，块度比较小，多数留有黄、红、黑等风化色皮。子料质地细腻紧密，光泽滋润、柔和，微透明，是和田白玉中的上品。在子料中纯白最优，纯白子又叫"光白子"，表面如凝脂。

外皮是和田子玉的重要外观特征。天然的沁色外皮，色彩斑斓，令人赏心悦目。有经验的行家一般从子玉表皮，凹洼处的颜色可推测其内部的质地和颜色。白子玉无论皮色如何，内部一般仍是白色。只要内部白而润，都属于上等玉料。

羊脂白玉是白玉子料中的精品，顾名思义就指好似新鲜羊脂一样的玉石。特别细腻、光亮、温润，颜色晶莹洁白，质地细腻滋润。羊脂白玉的羊脂颜色不是

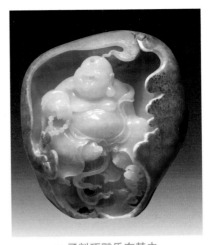

● 子料巧雕乐在其中

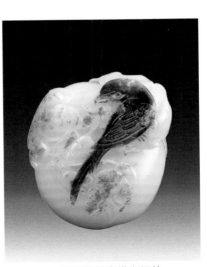

● 和田子料吉祥鸟摆件

苍白，而是由内而外泛着油光的白，它微微透出粉红色调或黄色等偏暗色调。当和其他档次的白玉放一起时，让人感觉这块玉十分白润剔透。

目前，质地特别好的羊脂白玉已不多见，有的玉色闪青，有的玉有玉瑕，有的表面不洁净。真正高档的羊脂白玉多为藏家收藏，轻易不为人所视，即使有人出手也价格极高。

羊脂白玉必须具备三个条件：一是和田子料；二是具有白润度；三是具备良好的细腻油脂度。

⊙ 戈壁滩玉的特征

戈壁滩白玉由于受到沙尘、石流的长期磨蚀、冲击，玉材失去棱角，它的玉质特点较为紧密、细腻、坚硬，块度大小不等，片状为多。

戈壁白玉最明显的一个特征就是表皮均凹凸不平。戈壁料包括了白玉所有的色系，以白、青、黄、糖较为多见，另外也有黑碧色，颜色墨黑。戈壁料的皮子一般为柚子皮、橘子皮、鱼子皮等几种。一般情况下，柚子皮和橘子皮的戈壁料切开后里面多会带花，而鱼子皮通常玉肉比较细腻。

⊙ 山流水白玉的特征

山流水白玉多出现在玉龙喀什河的上游河流中，开采出料的位置离原生山料的位置最近。由于自然"加工"的程度有限，水流搬运的时间不长，尚未完全成为子玉。维吾尔族玉料商人戏称为"子玉的哥哥"。

● 和田戈壁玉

● 和田戈壁青花玉料

有些面光滑得已接近和田子料了。

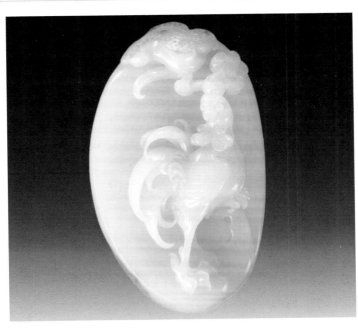

● 和田玉白玉吉庆如意佩

　　山流水玉经过水流作用下的搬运，在移动跌落的过程中，外部边缘渐渐被磨去了棱角，玉质也会比山料鲜亮，比较细腻、紧密，油润较好。山流水玉常见片状。与戈壁滩白玉一样，山流水玉透明度一般稍高一点（和子料相比较），油脂光泽好，常含较多绺裂。

　　山流水玉一头靠近山料，一头靠近子料，它的质地介于山料和子料之间，因此山流水料的品级不是一成不变的，同是山流水料，可能玉质迥然不同。

⊙ 山料玉的特征

　　山料玉外形是不规则棱角块状，块度大小不一。山料的质地存在着很大的差异，有的山料质地粗糙，颗粒比较明显或带石性；也有的结构细密，油润度极好；还有一种玉石与外面的岩石混杂着的山料。

　　与子玉相比，山料质地多数较粗，阴、阳面明显，内部结构显示的玉性比较明确。

俄罗斯白玉的鉴别

俄罗斯贝加尔湖软玉，由于其产状、结构特点等方面与新疆和田软玉有一定的差异，在质量评价方面，也应该体现自身的特点。但其优质的软玉可与和田软玉媲美，其价值也相当不菲。整体评价尽管俄料软玉光泽稍欠温润，但在质地细腻、颜色均匀、光泽温润、杂质、绺裂、块度重量等方面，与和田软玉是相似或基本相似的。

俄罗斯白玉的鉴别要点

⊙ 块度鉴别

俄罗斯白玉山料的块度较大，白皮料、灰皮料多"碎裂"、"碙块"、"糟头"，必须用切割的办法"去碙"、"去糟"剖净，千方百计提高利用率。部分质地细润、白度较好、呈微透明状的，品质上乘。

俄罗斯白玉的切割，越往中心玉质越细腻，这是俄罗斯白玉的独有特征，其中质地细润、均匀块度大、利用率高的，属上等好料。

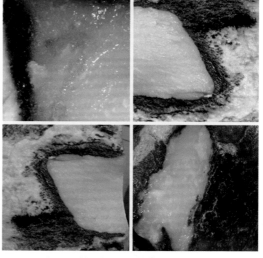

● 和田（俄罗斯）玉灰皮山料原石一组

● 俄料黑皮糖玉貔貅

⊙ 质地鉴别

俄罗斯白玉的物理特性和色泽与新疆白玉相似，其中洁白质高、油润度好、质地细润、呈微透明状的山料品质上乘，其品质和价格已超过新疆白玉的山料。但多数俄玉山料与和田白玉山料相比，色调偏冷，有僵硬的感觉，油润性也略差。

⊙ 颜色鉴别

白色—灰白色是俄罗斯玉的基本色。玉料一般从外到内，呈混浊褐黄色—深褐色—浅糖色—白色。俄罗斯白玉的基本色泽相对较白，透闪石含量较高，斑点绵、绺等杂质较少，色调又明快的玉料可以与和田白玉媲美。其中，呈中性糖色（不深不浅），鲜艳明快的，制成玉雕工艺品，会有较好的艺术效果。一块玉料中糖色、白色两色界限分明的，可制作艺术性很强的俏色玉雕作品。只要对杂色、糖色处理得当，利用俄料糖玉同样会设计雕琢出精美的艺术品。

⊙ 净度鉴别

俄罗斯白玉纯净度的鉴别主要从定向分布的特征，看它的云絮状纹理中团块状、冰点是否明显以及结构的松与紧、密度的大与小。俄罗斯白玉多属纤维晶交织结构，在小部分材质中呈平行或放射状排列，透闪石的含量占 90% ~ 95% 不等，还含有黑云母晶体和磷灰石等矿物杂质。净度好的俄罗斯白玉，由无色的透闪石和阳起石的细小纤维状晶体组成，粒度细而均匀，雕琢加工时不易起皮，玉性不明显，打磨后不会产生凹凸不平的麻皮平底面。

有些净度差的俄罗斯白玉，材质中常夹杂肉眼即可看到的蟹爪纹及粥糊状的玉性特征。有些玉料甚至带有碎裂、礓块、糟头等，需采取切割的办法"去礓"、"去糟"，采取剥离的办法"消爪"、"消糊"，尽可能提高利用率。

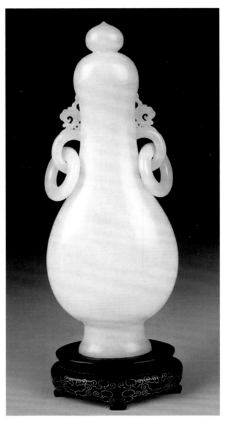

● 和田羊脂白玉素身瓶

俄罗斯白玉山料极富赌性。从白颜色表皮、灰白外层到白色肉质内层，间隔深浅厚薄不一的褐糖色过渡带，内中肉质如何，需要丰富的经验判断。肉质质量好坏，价格差异巨大。一刀切开暴富，一刀切开破产的例子很多，与翡翠玉料赌石非常相似，因而极富赌性。

俄罗斯白玉和新疆白玉的区别

⊙ 俄料白玉的"糖"与新疆白玉的"糖"

俄罗斯白玉中的糖皮与新疆白玉的糖皮、新疆白玉山料玉中的糖玉，在色泽构成、分布形状等方面都存在明显的差异。

俄罗斯白玉中的一部分"糖皮"与新疆和田白玉中存在的"糖皮"不一样，它是受到沿解理缝或裂缝的铁质浸染而成，而且比较厚。部分糖皮表现为许多黑褐色的斑点，融入乳白色、棕褐色中而形成薄层外包裹体，也有渗透到里层，形成不规则的"糖包玉"、"玉夹糖"（业内人士称此为"串糖"）现象。通俗地说，新疆白玉的糖皮多在玉表皮，而俄罗斯白玉的糖则在裂缝和绺中。

俄罗斯糖白玉的糖皮较厚，糖色浓重，皮与皮之间常有过渡渐变现象；而新疆白玉的糖皮较薄，颜色浓淡不一，皮与肉之间界线清楚。因此，同是俏色作品，新疆白玉的作品富有艺术感染力，而俄罗斯白玉的俏色则往往有拖泥带水的感觉。但俄罗斯白玉俏色的过渡现象在有些题材的艺品作品中，如山子雕中，则有特殊的艺术效果。

● 俄料糖玉寿星佩

● 和田玉糖玉佩

⊙ 俄罗斯子料与新疆白玉子料

皮质上的比较

新疆子玉的外皮构成可分为两种类型，一是砂眼麻皮坑原生皮，表皮布满皮肤毛孔一样的细小砂眼，犹如凹凸不平麻皮坑，分细性、粗性两种。细性砂眼麻皮坑原生皮，云絮状纹理较细，砂眼小，皮质细腻；粗性砂眼麻皮坑原生皮，云絮状纹理较粗，砂眼大，皮质粗。二是色沁原生皮：一部分子玉在河里受到其他矿物质浸润、渗透，不仅表面光滑，而且出现许多色彩，所以称

● 洒金皮子料

"色沁皮"。色沁皮上颜色变化较大，有"蜘蛛纹"、"蜈蚣纹"等，还往往呈现深浅不一的"圈点"、"圈线"。

俄罗斯子料因受环境的影响与新疆子料不一样，所以外表的形状变化不相同。新疆子料的皮薄且少石皮，而俄料子玉的皮较新疆子料

● 俄料红皮子玉面包摆件

● 俄料红皮子玉面包摆件放大图

的皮厚；俄料子玉的外表特征是毛口表皮，多不见凹凸不平现象，这与产生的河流较为平缓、撞击力不强有关。打磨的成品有明暗相间的平底麻皮坑产生，有呈现松动而显得子料表皮砂眼粗孔状，也有一些比较紧密状的。大多数俄罗斯子料外表呈乳白色、棕褐色、黑褐色、红棕色等色的包裹体，因此俄玉子料多巧用料皮作俏雕作品，产生与和田子料尽量留皮雕琢不一样的艺术效果。

皮色上的比较

新疆子玉外皮颜色较多，通常有白色、青白色、灰白色、黑色、秋梨色、桂花色、枣红色等多种。

俄罗斯子料外皮颜色较为单一，以白色、乳白色为基色，棕褐、蛋黄、糖色等典型色集于一体，由外到内呈现出来，形成有深红、枣红、大红、红褐及接近橙红的颜色；有些皮色更像朽木，称为"树皮子"。由于同和田子料产生的环境条件不同，很多俄罗斯子料的皮色初看似人工染色，但仔细辨认确实为天然形成。

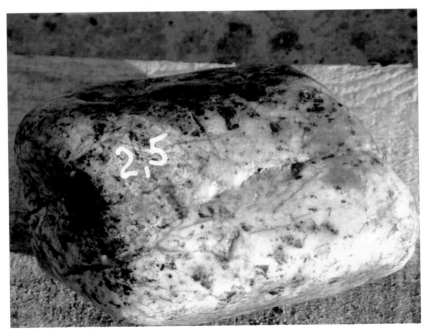

● 俄料白玉黑皮片料

玉质上的比较

新疆子玉体如凝脂，油性极强，透闪石含量几乎达到90%，云絮纹理短而致密，精光内蕴。物理性能稳定，质地温润、细腻。

俄罗斯子玉质地细腻、温润、油脂性好。料石中小团块云絮状纹理致密均匀的，品质接近于和田子料。缘自玉质中透闪石含量不稳定的因素，虽然一般子料的内层玉质细腻色白，但部分子料玉质容易泛红泛灰。至于玉质粗松，油性欠佳的情况，属于子料中的极少数。

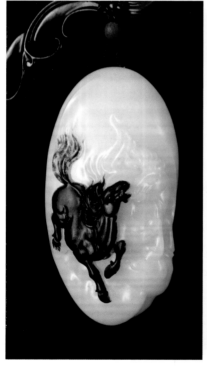

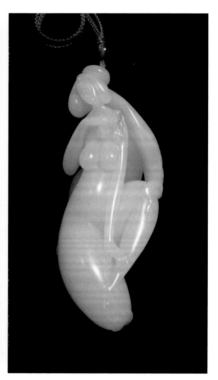

● 和田（俄罗斯）白玉黑皮料作品马到成功吊坠

张红哲作品

● 和田白玉挂件生命之源

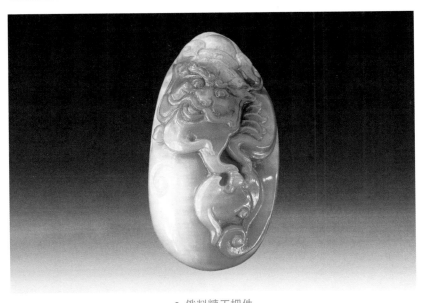

● 俄料糖玉把件

⊙ 俄罗斯白玉的山料与和田白玉的山料

俄罗斯白玉山料与新疆白玉山料在成因、产状、矿物成分、结构、外观上极为相似，因而比青海白玉更容易混淆。两者的差异主要表现在以下几个方面：

(1) 质地上的不同。新疆白玉山料质地相对细腻，"油润"感强；透光观察"饭粒"感弱。俄罗斯白玉山料质地细腻程度不够，"油性"差些；透光观察"饭粒"感强，光泽略带瓷性。

(2) 糖皮表现不同。新疆白玉的山料多无糖皮，但俄罗斯白玉山料中有相当部分有"糖皮"。它与新疆山料中的"糖皮"不同，多数"糖皮"较厚，颜色深沉，有"串糖"表现。

(3) 颜色上的不同。有的行家从颜色上区别新疆白玉山料和俄罗斯白玉山料，认为俄罗斯山料颜色白中透红，新疆山料白中泛青，但这不是普遍情况。新疆白玉山料的颜色特征和俄料白玉的颜色特征有时业内人士也难以区分，需结合其他特征才能鉴别。有些俄罗斯白玉山料无论在"白度"还是"油性"上均可超过新疆白玉山料。

青海白玉的鉴别

青海白玉的特点

青海软玉绚丽多彩，品种丰富。其中白玉是产量最多的品种，一般呈灰白色、蜡白色，半透明状，透明度明显超过和田白玉。其颜色可分为奶白玉、透水白玉、梨花白玉、米汤白玉等品种。青海白玉中质地细润均匀、块度大、白度较好的均属于上等好料。无水线、水露纹，杂质少的，制成玉雕工艺品后会取得较好的艺术效果。

由于青海白玉中多有程度不同的水线，所以鉴别青海白玉纯净度，主要看是否有"水露"、"水线"，是否有缠结状、线状、细脉状穿插，如玉料中不含或含少量"石花"、"石脑"、"絮状"绵绺等杂质，为纯净度较好的山料。

青海白玉与新疆白玉的区别

在白玉的鉴定指标上，青海白玉与新疆白玉相同，二者在地质构造背景上有着密切的联系，只是分别产在昆仑山的不同地段而已。

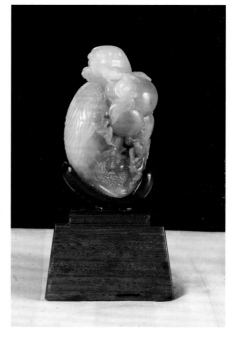

● 和田（青海）白玉白带翠、糖三色巧雕英明神武摆件

● 部分和田（青海）玉多姿多彩的皮璞

☉ 外皮的差异

　　青海白玉没有子料，但有沟料，与和田白玉的山流水料类似。因降水量小，水流搬运的距离也短，白玉更多地保留了原生形态，棱角突出，与新疆白玉山流水料容易区别。

　　青海白玉山料与新疆白玉山料产出的块度都比较大，断口参差。但青海山料玉大面较整齐，片理化现象较少，而且玉品种较新疆白玉多。有白皮料、烟灰白料、黑白相间的玉料等。

☉ 质地的差异

　　青海白玉呈纤维状与叶片状交织而成的毡状、束状结构，有絮状棉绺或黑褐色翳状斑点。新疆山料白玉呈云絮状结构，往往出现长条状、长丝状。加工时有起皮现象，体内含米粒屑斑点。青海白玉的质地比新疆白玉稍粗，质感不如新疆玉细腻，缺乏羊脂玉般的凝重感，经常可见有透明水线。即使青海白玉选取最纯白的部分，也避免不了浅透明带玉筋的特征，而新疆白玉则没有。

⊙ 颜色的差异

与新疆白玉相比，多数青海白玉颜色稍显不正，不明快，常有偏灰、偏绿、偏黄色现象。纯白色的玉料，有时也会呈现"灵白"，缺乏润白的感觉。另外，青海软玉的翠青色、烟灰色、黑色等特殊颜色玉料常与青海白玉共生一体，各种颜色之间往往过渡自然，成为青海白玉的典型颜色特征。青海白玉中带有的团状绿色，对白玉的价值有特殊贡献，团状绿色越正越均匀越好。

● 多色过渡是青海昆仑玉的典型表现

⊙ 透明度的差异

青海白玉的特点是透明度比一般新疆白玉高，做成的成品抛光后呈近半透明状，但油性比新疆白玉略差。而且有的玉料局部块面的透明度不均匀。佩件贴身盘玩后很难达到新疆白玉滋润的感觉。青海白玉虽然在脂、润、韧方面比不上新疆白玉，但因其洁白无瑕，玲珑晶莹，块体较大，常可以表现和田白玉不易表现的题材。又吻合现代人的审美意识，为年轻的人群所接受。

⊙ 内在质量的差异

矿物成分和结构的差别：两种玉的

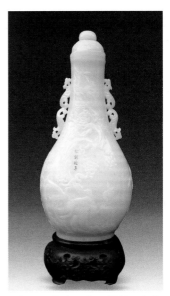

● 和田（青海）白玉松鹤延年瓶

松树、仙鹤在中国吉祥图案中皆是长寿的象征，瓶子具有平安的意蕴。

主要矿物均为透闪石—阳起石系列，矿物成分大体一致。但新疆白玉除透闪石—阳起石为主外，还包含较多的伴生矿物，如透辉石、磷灰石、黑幼帘石、铬光晶石、蛇纹石、钙铬榴石、榍石、磁黄铁矿、石墨等。而青海白玉的伴生矿物相对较少，如蛇纹石、绿泥石、磁铁矿等，其

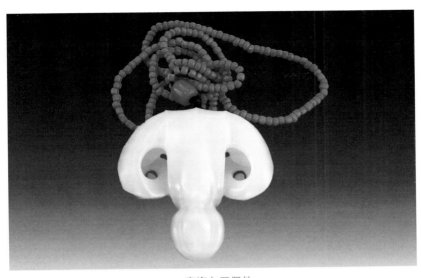

● 青海白玉佩件

主要组成矿物阳起石较新疆白玉高，可达到98%左右，所以总体质量较新疆白玉差。两种玉石都为致密块状构造。矿物均呈细微的针状、柱状集合体。呈毛毡状交织分布，也有呈晶簇状分布。

质地和密度的区别：两种白玉矿物组合的致密程度稍有差异。和田白玉的粒度在0.02毫米×0.009毫米～0.006毫米×0.018毫米之间；和田青白玉的粒度在0.003毫米×0.002毫米～0.001毫米×0.014毫米之间；青海白玉的粒度在0.032毫米×0.0128毫米～0.0064毫米×0.0081毫米之间。通过上述比较，可见青海白玉多不如新疆白玉细腻。青海白玉的密度除少数品种大于和田玉，达到3.1克/厘米^{3}外，多数品种则略低于和田玉的2.922～2.976克/厘米^3，在2.9克/厘米^{3}左右。

硬度的区别：两种玉的硬度稍有差别，多数情况下，新疆白玉的摩氏硬度在6.5～6.7之间，而青海白玉则在摩氏硬度6～6.5之间，表明青海白玉的硬度略低于和田玉，如两种玉料制作的玉器从同一高度掉下去，新疆白玉不易碎裂，而青海白玉则容易碎裂。

以上的比较，有经验者凭肉眼即可区分。但挑选青海白玉时，有几种假象如不留心，可像陷阱一样使买玉人走眼上当。

● 和田（青海）白玉对瓶　　● 和田（青海）白玉竹尖壶

宋鸣放作品

　　一是观察透明度。青海白玉矿周围产一种白色石英岩，透度和光散射均超过白玉，很容易被误认。据经验总结，有两种简易办法可以区分：第一，天然石英岩岩块的交角处略近直角，而白玉交角呈非直角状；石英岩天然块的长宽厚比值小于2，而玉的比值可超过10以上；第二，石英岩脆硬，在棱角处碰击，碎块崩飞。白玉韧性好，碰击不易碎，即使碎块也不崩飞，断口呈锯齿状。

　　二是不能单纯追求白度。有一部分青海白玉在生长过程中，镁质大理岩混入玉肉之中，形成像酸乳或豆腐脑一样的白色星点、礓块，甚至混为一体。这些混入杂质的玉白度较高，但透度很低，僵直无水头，质地低劣。真正的透闪石白玉，本色浅灰白，白色和杂色均为各种致色元素影响。所以选玉时，挑白色稍暗、透度好的玉，其质地反而纯净。故业内有"过白不如透青"之说。

　　三是防止超层难用。青海白玉在生成过程中受强大外力挤压，重力影响，矿石多次多层凝结，使部分玉料明显有像云母样的层状现象，基本难以利用；更甚者玉层间夹杂白色岩石粉末，经风化后会层层翘裂，不能雕琢。但层间无白色粉末、起层较轻者仍可使用。雕琢此类玉时，其垂直层解理切面的抛光性能好，平行解理切面的抛光性能差。如不注意，就会降低玉的等级。

韩国白玉的鉴别

韩国白玉的特点

韩国白玉与新疆白玉、俄罗斯白玉、青海白玉同质，主要矿物成分均为透闪石。国内鉴定机构出具的鉴定结果，韩料与青海料、俄料名称都可定为和田玉。由于玉料中透闪石含量很多，较难发现其他杂质矿物。玉料颜色多呈带极浅的灰、黄、绿色调的白色、灰黄色，颜色分布较均匀，白色稍干，肉眼可见玉料中有针尖状的细小白点。其色泽洁白，凝脂感强，微透明至半透明的好玉，完全可以混淆其他白玉。

● 韩国春川白玉仿古凤形佩

韩国白玉与前三种白玉的比较

从外状上看：韩国白玉只有矿坑产出的山料，没有山流水和子料。

从密度和硬度上看：韩国白玉密度接近和田白玉，但硬度只有 5.5 度左右。以手掂比重法测试，感觉韩国白玉明显轻于前述三种白玉。

从色泽上看：韩国白玉的白色接近于新疆白玉，但强于俄罗斯白玉的"僵白"。业内有人总结新疆白玉多白中泛青，俄罗斯白玉多白中泛粉，青海白玉多白中呈透灰，而韩国白玉则白中泛黄或泛绿。

● 韩国春川白玉镂空花牌

从透明度和光泽上看：韩国白玉呈微透明至不透明和油脂—弱玻璃光泽，在透明度方面低于青海白玉。经抛光后油脂光泽不强，而玻璃光泽也没有青海白玉强，略有蜡质观感。市场上曾见到韩国白玉用油擦拭，以弥补温润感的不足。而其光泽也在长时间后会干而不润。

鉴别玉器是否为韩国白玉，有一条实践经验可供参考。如在市场见到一件玉器貌似白玉，但仔细观察结构略粗，手感偏轻，有蜡质感强却油润感低，仔细擦拭把摩有油感或油味，报价又低于白玉价的，即有可能是韩国白玉。

其实韩国白玉由于质似和田白玉，却价格很低，大众将其当做时装首饰未尝不可。

● 韩国玉上等玉打光图

白玉的同类和假料

随着爱玉队伍的日渐扩大，资源日趋减少，白玉的市场价位日益高涨，市场上出现了各种各样作伪作假的手段。白玉的作伪作假手段大体有以次充好、以他充我、以假充真等三种状况：以次充好，即用较差较次的低级白玉冒充同类上好的白玉；以假充真，即用合成产品假冒白玉；以他充我，即用其他不同玉石充作白玉。

要掌握识别真假白玉，没有速成秘诀，只有多看、多问、多学，眼观、手摸、听音，多长一点心眼，多向行家请教，具备不怕上当的勇气和智慧。这样，在玉器收藏过程中，逐步掌握心得，积累经验，就可少走弯路，少上当受骗。

辨识国内同类白色软玉

⊙ 台湾丰田软玉

台湾软玉主要产于台湾东部花莲县丰田地区，所以岛内也有人称为"丰田玉"。

● 真假难辨的和田玉子料

台湾软玉一般分为普通软玉、猫眼软玉和蜡光软玉三种，其中猫眼软玉按颜色不同，又可细分为黄绿、墨绿、淡黄等品种。普通白色软玉的主要化学成分：SiO_2 为 58.61%，MgO 为 24.09%，CaO 为 10.2%，FeO 为 3.51%。绿色软玉中 FeO 的含量明显增多，一般在 4.20%～5.10%之间，Fe^{2+}、Fe^{3+} 浓度直接影响软玉颜色的色调及饱和度。台湾软玉的矿物成分以透闪石—阳起石为主，含少量铬铁矿、磁铁矿、含铬钙铝榴石等次要矿物。

台湾软玉折射率约为 1.60（点测法）。密度为 2.96～3.10 克／厘米^3。硬度 6～6.5。蜡状光泽及玻璃光泽。参差状断口。伴生绿色含铬钙铝榴石、铬铁矿、黑色磁铁矿矿物。毛毡状变晶结构。

台湾软玉常加工成戒面、手镯、玉坠与摆件。当一组透闪石纤维定向排列时，可加工成相当漂亮的软玉猫眼，往往一颗漂亮的软玉猫眼其价格可媲美优质红蓝宝石的价格。

⊙ 江苏溧阳透闪石软玉

江苏省溧阳县透闪石玉位于溧阳县平桥乡小梅岭村的东南部。溧阳透闪石玉主要由针状、纤维状、柱状和毛发状透闪石组成。白玉、青白玉、青玉和碧玉透闪石含量基本相同，占 99%以上，含极少的杂质矿物，辉石、磷灰石和褐铁矿的含量小于 1%。

溧阳透闪石玉的颜色为白色和深浅不同的绿色。白色不透明，绿色透明度较高。按颜色分为白玉、青白玉、青玉和碧玉。深浅不同的绿色透闪石玉密度均为 2.99 克／厘米^3，而白色透闪石玉密度略小，

● 纯净的溧阳软玉

● 纯净的溧阳软玉在透射光下的效果

为 2.97 克／厘米 ^{3}，折射率为 1.60～1.61，油脂光泽。一般来说，质地越纯，光泽越好；杂质越多，光泽越差。

溧阳透闪石玉主要为致密块状构造，质地细腻。主要结构为毛毡状结构、放射状结构和纤维状、柱状结构。毛毡状结构是溧阳透闪石玉中最重要的一种结构。透闪石的颗粒非常细小，粒度比较均匀。显微纤维透闪石均匀地无定向密集分布，好像绒毛相互交织而成的毡毯一样，与和田玉的毛毡状结构非常相似；放射状结构中柱状透闪石局部定向排列，一端收敛，一端发散，具波状消光现象。纤维状柱状结构中透闪石呈纤维状或柱状，颗粒长度小于 0.1 毫米，呈不定向排列，与和田玉的纤维状和柱状结构类似。

⊙ 福建南平软玉

福建南平软玉矿区位于南平市东约 20 公里。南平软玉为致密块状，质地细腻，颜色均匀，为白色至淡绿色，半透明状，玻璃光泽至油脂光泽。南平软玉折射率、硬度、密度见上表。在长、短波紫外线下，均无荧光效应。无明显的吸收光谱。

南平软玉由细小的透闪石组成，一般透闪石含量在 99% 以上。透闪石微晶呈纤维状、毛毡状，构成交织结构。晶体不具定向排列。除了透闪石外，局部可见少量的透辉石和磷灰石。有些透辉石的晶体较大，可达 1 毫米以上。当透辉石聚集较多时，宏观上呈灰白色，构成肉眼可见的"石花"，影响软玉的外观质量。而磷灰石为无色透明，肉眼难见，不影响质量。

南平软玉一般较为纯净，除有时可见白色的由透辉石组成的"石花"外，通常不存在其他地区软玉中常见的不透明的矿物包裹体，如磁铁矿、铬铁矿和石墨等。

南平软玉的颜色浅，大部分相当于青白玉，少量为白玉。结构细腻，韧性强，透明度较好，是一种品质较好的玉雕材料。就其质地而言，南平软玉可与新疆的软玉相媲美，能满足玉石工艺加工的要求，因此，具有较好的开发利用前景。

⊙ 辽宁岫岩软玉

岫岩除久负盛名的蛇纹石岫玉矿体外，还有鲜为人知的以优质玉著称的透闪石质软玉矿。软玉矿分为两类：原生软玉矿和次生软玉矿，前者当地称"老玉矿"，后者当地又称"河磨玉"。两者同源，玉质完全一致。河磨玉是岫岩玉石中的佼佼者。其质地细腻而坚硬，颜色润泽而多彩。抛光性、韧性及其装饰、保存的价值均位居前列。重要特性之一是它多彩的外皮壳层使其在服饰文化行业中更为增色。

河磨玉粒径以砾石级为主，一般 20 ～ 40 厘米，大者可达十余米，小者几厘米。不同地貌部位粒径不同。磨圆度一般为 1 ～ 2 级。沿水流自上而下有一定的分选。

河磨玉具分层性：内部玉质层与外部皮壳层。皮壳厚薄不等，一般几毫米至几个厘米，以似同心圆状分布于玉质层外。外表皮以黑、黄色为主（占 90%），还有褐红色及其他过渡色。玉质层颜色均匀，有黄白色、青色、绿色、黑色等，并以此对河磨玉定名，如：黄白玉、青玉、碧玉、墨玉等。

除上述与和田玉等四种白玉同宗同质的白色或青白色的玉石外，国内尚有四川省棉县的淡绿色猫眼软玉，国外有美国、加拿大、澳大利亚、新西兰、俄罗斯、缅甸等国家出产软玉。但因为其颜色没有白色或青白色，故本章不再叙述。

● 和田玉岫岩河磨料

辨识以次充好的人造和田子料

⊙ 从外形上比较天然子料与人造子料

　　和田子料的高贵地位，使其成为作假者的首选。人造子料作假的方法通常是：把青海料、俄罗斯料、韩国料、白岫玉料或其他相似玉石甚至白色致密大理岩的下脚料小块，放入滚筒机中滚磨成卵形，很像子料。造假者甚至把大块山料开成小料磨光。滚筒机磨子料为了掩盖材质的缺陷，外边都做有假皮子，以混淆真假。但无论如何制假，总会有让人识破的地方，可以从毛孔、棱线、皮色、硬度、颜色、嗅闻、触摸等方面识别真假。

　　（1）察"毛孔"。"汗毛孔"是借用于人身体代用词。有无汗毛孔是鉴别真假子料的第一招。真正的子料，无论多么细腻，表面都会有无数细细密密的小孔，极似人身皮肤上汗毛孔，其他任何白玉都没有这种现象，在 10 倍放大镜下可以清楚看到。"毛孔"是天然子料在长期地质岁月中留下，经碰撞而产生的表面不规则的砂眼麻皮点，砂

● 和田玉子料

　　上部可见清晰的汗毛孔现象。

眼麻皮点有小有微，但往往有规律生长。滚筒料是冒充假子料，虽能磨得表面光滑，但永远造不出天然子料外表自然状态下的"毛孔"特质。

（2）看"棱线"。磨光料一般细看的话总有数道长短不一的"棱线"。"棱线"是人工制造留下的痕迹，它是做假材料经滚筒磨过之后造成的有规则效果，在放大镜下可依稀辨出一道道滚磨过的擦痕。而天然子料则不然，它整体浑圆，表面就是一个完整的弧面，看不到所谓的"棱线"。

（3）认"皮色"。天然子料在河水中经千万年冲刷磨砺，自然受沁，它会在质地较松的地方沁入颜色，在有裂的地方深入肌理。这种皮色是很自然的，叫作"活皮"。它的颜色浸入玉内有层次感，过渡自然，皮和肉的光泽质地感觉是一致的。皮上的颜色应是由深入浅，裂隙上的颜色应是由浅入深。其实好玉是不长皮的，即便有，也是星星点点，或在细小的裂缝里。天然子料的皮色多种多样，可贵的是色彩自然、渗透自然、融汇自然。而假皮色的原料大多是和田子玉在自然环境下受沁金属同样的东西，常见为枣红皮（偶见天生有皮，再次上色的，俗称"二皮子"）。这种

● 染色涂油的假子料

● 机制染色子料

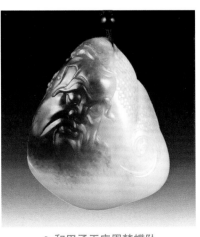

● 和田子玉庄周梦蝶坠

皮浮于表面，过于鲜艳，无过渡的自然层次感，干涩，不润，僵硬，刺眼。造假的部位都在玉质疏松的地方，用开水冲烫就容易褪色变淡，故称"死皮"。

（4）试硬度。和田白玉可以划玻璃，而自身毫无损伤。其他冒充和田白玉的玉石中，只有石英岩类玉石可以划伤玻璃而自身没有损伤。别的玉石则无此能耐。

（5）辨颜色：机制的水石常用来冒充和田白玉的极品羊脂子玉，但羊脂玉质是新鲜绵羊脂肪的白色，而水石则是苍白的颜色；羊脂玉是油脂光泽，水石则比较干涩，光泽不好。

（6）闻气味。磨光料作假上色后，肯定会留有化学药水的味道。把假皮子的假子料放在鼻子下闻，会有一股似有似无的化学药味露出。为了掩盖这种味道，作假者会在假皮子外边涂一些香油，或喷涂汽车上光蜡等。虽然闻起来很香，但是化学药水遗留在里边是不可能不挥发出来的，有经验的人照样可以嗅出来它的异味。

（7）手触摸。用手把摩也是确定真假子料的一种方法。真子料天然生成，把摩之中手感自然、温润，稍微握紧片刻，似感玉石气孔中有出汗现象；而磨光料为机械摩擦，虽然很光滑，却没有这种自然的质感和出汗现象。

⊙ 从皮色上识别真假皮子

子玉作假皮貌似玄妙，但只要用心辨别，天然外皮与人工染色外皮是有本质区别的。除经验外，用放大镜细心观察便可明确区分开来。

1.天然外皮与人工外皮

天然外皮分"风化物"外皮和"铁质等浸染物"外皮两大类。"风化物"

● 用青海玉制成的假子料

外皮：一般呈浅淡黄或白色，不透明，质软，沿裂隙呈带状分布，或在结构薄弱部位呈不规则团块状、斑点状。这种情况在和田戈壁玉和俄罗斯白玉中都会存在。"铁质等浸染物"外皮：一般多沿裂隙呈线状分布，并逐渐向外扩展，其两侧常伴有沿同一方向展布的不透明风化物，所呈现的浅黄、黄、棕、暗红、黑等颜色，由其氧化程度决定。铁质等浸染物也可呈团块状、斑点状在结构薄弱部位独立存在，其周围也常常伴随有不透明风化物。

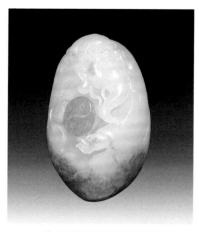

● 和田玉子料大道无极佩

除铁离子浸染物之外，玉石在河流亿万年推移搬迁中，还会受河水中有机物、无机物及其他矿物元素参与的磨砺冲击，久而久之在白玉表皮的细微空隙留下了印痕，终于形成了子料的"面孔"——桂花皮、铁锈斑等外观。

人工染色皮（俗称"二皮子"）一般的作假方法是先将玉料加温(高温)烧热，而后放入深色的颜料等化学染剂中浸泡，使其浸入变色。人工染色作假皮由来已久，旧时多用青核桃皮等植物和地毯颜料染色，当代则有碘和碘盐染色、铁和铁盐染色、有机染料直接染色、酸化染色、碱化染色、煨炙染色等多种方式，使人愈加难以提防。

● 和田白玉猴子摘桃佩

● 开"窗"涂油的假子料

99

2. 天然外皮和人工染色皮的差别

人工染色外皮所用时间短，没有漫长的风化浸润过程，假皮颜色浮于外表：用放大镜或显微镜观察天然皮色，可见无论是风化物还是铁质等矿物浸染物都不只存在于表面，还深入子料肉内。其特征是皮上的颜色一般由深入浅，裂隙上的颜色一般由浅入深。而假皮子的颜色则浮于外表，且多在玉质疏松的地方，不像天然色那样深入玉肉中；在同一块白玉子料上，天然铁质（有机、无机物）浸染的颜色不均匀，有深浅变化，层次分明，并有一定的分布规律，即由内向外分别为：黑→暗红→棕→黄→浅黄过渡，黑色常以斑点状显于浸染物中心，或在细小的裂子里。而人造皮子颜色单一，一般无深浅变化，更没有天然皮色那种由内向外，由黑到黄的颜色渐变特征。一般天然皮色呈不透明的浅淡黄色或白色，沿裂隙呈带状分布，或在结构薄弱部位呈不规则团块状、斑点状。仿造者会对玉石中的原生白色石花和玉质疏松处进行染色，以冒充天然风化物，但这种石花与玉肉界线清晰，无中间过渡现象。

3.假皮子的主要做法

假皮的大路货：磨光料加假皮子。作假者选择形状好、颜色白、水头足的边角山料、韩国料白岫玉料等，或切割而成的山料、韩国料白岫玉料等，投入电动球磨机中滚磨，边滚磨边向球磨机中加水，数小时或数十小时后（视客户需要的光滑自然程度），一堆大小不同的边角废料就滚磨成酷似子玉的假子料。在此基础上开始给滚磨料加色。抛光料加假皮的颜色不自然，多为橘红色，行内人一眼就能看出，属于假皮料的初级阶段，即大路货。在新疆和田、乌鲁木齐和河南镇平的玉料批发市场里，这种子料成堆摆放，供四面八方玉贩或加工户挑选，卖家虽不说穿，但并不忌讳。而在大城市的古玩、玉器或花鸟市场里，这类东西大多被放在箱子和柜台里，卖家不会在行家面前主动拿出来。建议入行未深的藏家遇到这类情况时，要表现出很懂的样子才不会被蒙。

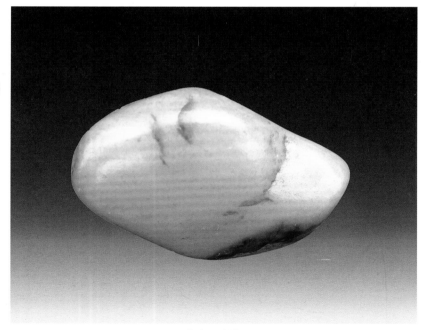

● 染色机制白玉

● 染皮真新疆子料

假皮的中档货：次品子料加皮色。分辨这类劣质子料需要仔细看上面有无砂眼毛孔。一般卖家会搽上很多油，使买家难以看清。要注意将其放在自然光下，用布使劲擦净后再仔细辨别。有的料子用放大镜会看见上面机械擦痕，皮色虽较第一种自然，但假皮没有层次或浮于表面，也好辨别，难不倒有经验的买家。

假皮子的高档货：真白玉加假皮子。有时候作假者为冒充白玉子料获得大利，会将真的山料或山流水料切割后滚磨子玉，而后作假皮出售。这种假皮张子料具有更大的欺骗性，尤其是在日光灯照射和绸缎衬托下，特具美感。因为肉是真肉，买家的注意力势必对假皮子放松警惕，愈加相信子料为真，不知不觉上了圈套。

假皮子的新花招：真皮子加假皮子。有些上等子料本身带皮，但皮色并不艳丽。在这种情况下，作假者在自然皮上添加美丽的假色，从而达到皮色鲜艳，价格翻倍的目的。行内称为"加强皮"。这类假皮层次分明，多出现在规模较大、层次较高的白玉店堂，甚至有知名的商人行家参与其中，可谓有真有假，极难分辨！有时行家都会被这些"加强皮"子料所迷惑。

辨识以假充真的玻璃制品

白玉最常见的仿冒品是白乳玻璃，尤其是在玉器市场、旅游景点、旧货古玩市场上多见，有挂件、手镯及摆件等。随着科技的进步，玻璃生产工艺的改善，其仿制效果越来越逼真，欺骗性也越来越大。从颜色、透明度及光泽上，很难与白玉区别。

自古以来，乳白色、半透明或微透明的乳浊玻璃始终是白玉的主要仿制品，过去叫"料器"的东西即是此物。这种仿玉玻璃清澈柔润，表面晶莹光亮，与白玉极为相似，颇具吸引力。许多人对白色乳浊玻璃仿白玉不以为然，认为二者容易识破，实则不然。近几年随着白玉的日渐受宠，玻璃仿白玉的技术也不断发展。有些研究机构、生产企业，因利益或企业出路而专心研究仿白玉玻璃，作伪者甚至付定金等厂家供货。使有经验的行家也难判真假。所以，购买高档白玉时一定要十分慎重，应在正规鉴定机构出具证书后再拍板成交。

尽管仿白玉玻璃技术含量越来越高，但并非不可辨别。一般说来，真的白玉再纯净，其内部还是会有一定的生长机制，比如玉筋、絮状、萝卜丝、蟹爪纹等自然结晶状。而玻璃颜色一气呵成，平均呆板，没有自然变化。玻璃制品质地纯洁，肉眼仔细看或放大镜下看，里面往往有大小不等的气泡现象，气泡的形态为球形；并且玻璃料表面的毛

● 玻璃手镯

● 玻璃仿白玉手镯芯

孔比白玉粗得多，断口呈亮碴贝壳状，而白玉的断口则呈暗碴参差状。白玻璃料的折射率 1.5 左右，相对密度 2.5 左右，均明显低于白玉。因此硬度低，容易吃刀。白玉则硬度高，不吃刀。同等高度下，白玉因韧性强，不易摔破，而乳白玻璃则极易破碎。

　　用敲击听音也可区分，玻璃料的产品声音沉闷，白玉产品声音清脆。此外，将白玉贴在脸上有一种温润的感觉，尔后才慢慢感到清凉；而把玻璃料贴在脸上是先有清凉的感觉，尔后很快会有温暖的感觉。

辨识以他充我的玉石品种

　　白色石英岩质玉石由于颜色晶亮洁白，质地较细腻，外观很像白玉，常被初入白玉之门的人误为白玉。这些玉石主要有河南密县的密玉、淅川的淅川白玉、西峡、南召的水石玉、贵州的晴隆玉、北京的京白玉、青海的伬伍玉（石）、新疆的白东陵石和国外的白东陵石、东北和巴西的白玛瑙等。肉眼鉴定白玉和白色石英岩玉有六点区别：

　　其一，二者矿物成分不同。软玉为透闪石组成，而石英岩主要为石英组成。

　　其二，白玉大部分为油脂光泽，而白色石英岩具玻璃光泽。

　　其三，在透射光下，用10倍放大镜观察，白玉具纤维交织结构，质地细腻，颗粒一般细小，难以辨认颗粒状态，其断口为参差状；而白色石英岩玉具粒状变晶结构，其断口为粒状，较易见到其颗粒形态，相对较粗。

　　其四，新疆白玉、俄罗斯白玉、韩国白玉的透明度一般低于石英岩玉，青海白玉的部分玉料和白色石英岩玉的透明度近似。

　　其五，白色软玉的物理性质参数与白色石英岩有着明显的差异。

● 仿白玉等玉石的染色石英岩玉

同样大小的玉石制品用手掂量时，白玉一般较重，而白色石英岩玉较轻。这是因为白玉的密度（2.9～3克/厘米^3）较石英岩的密度（2.65克/厘米^3）大。石英岩玉在三溴甲烷（密度2.9克/厘米^3）中浮起，而白玉则在三溴甲烷中下沉。

其六，软玉的折射率是1.60（点测法），而石英岩则为1.54（点测法）。

⊙ 白玉和白色石英岩玉石的分类辨别

河南玉的辨别

河南玉因产于河南密县而得名，业内通称密玉、河南玉。在矿物学上属绿石英岩类玉石，主要成分是二氧化硅，并含有少量的铁质云母。细粒结晶，偏光显微镜下呈细晶鳞片花岗变晶结构。

河南玉摩氏硬度为6，密度为2.63～2.65克/厘米^3。有玻璃光泽，半油脂光泽，抛光面有强反光。质地细腻均匀，外观无杂质现象，无裂纹。较有韧性，断口呈参差粒状，微透明。

河南玉经常见到的是绿色、棕红色。与软玉的质地很近似，不含或少含绢云母时，玉石呈白色，容易冒充和田白玉，要注意区别。

河南淅川白玉的辨别

淅川白玉属石英岩质，颜色洁白，摩氏硬度约5.5，硬度明显高于阿富汗白玉和四川白玉。但与和田玉相比，温润程度明显较差。

河南伏牛山区的水石玉

河南伏牛山区的水石玉，产在世界地质公园宝天曼的核心景区周围。主要成分是石英岩，呈苍白颜色，因此经常冒充和田白玉。但水石的光泽较干涩，看上去不及和田白玉光润，硬度高，性脆，易裂，内部结构为颗粒状。因为不易抛光，需泡在水中才能显出玉质美，所以业内称之为"水石玉"。

贵州晴隆玉的辨别

晴隆玉因产于贵州晴隆县境内而得名。其岩石名为铬云母石英岩，呈脉状产出，玉料为块状。主要化学成分为二氧化硅，并伴有少量三氧化二铝和结晶水。

贵州晴隆石英岩玉体中常有鬃眼，内含萤石、方解石、石膏等，边缘有色裂纹。贵州晴隆玉因很少有质地均匀、质量上乘的玉料，所以冒充白玉中等以上玉料的情况极少。但有玉商把晴隆玉中的白色部分切割出来，冒充白玉制作小件。

青海伕伍石（玉）

青海伕伍石产在青海白玉的矿点附近，新疆也有产出。在青海白玉未出名之前，伕伍玉已在玉雕行得到广泛应用。20世纪90年代初民间曾有传说，河南某地一玉商以不到四十元一只购买白色伕伍石玉镯近千只，到和田出售给专程到新疆购买白玉的游客，每只竟达千元到数千元不等，大发一笔。

伕伍石为石英岩质，摸起来表面比较干涩，摩氏硬度为7，颜色洁白，外表看起来很像和田白玉。但温润程度不及白玉。伕伍石除了白色之外还有其他颜色。

北京京白玉的辨别

京白玉因20世纪60年代发现于北京西山地区，故名京白玉，亦称"晶白玉"。后来在湖南等地也发现类似的白色石英岩。

京白玉是一种颜色纯白、质地细腻的致密石英岩，属石英岩类，质地纯，含95%以上的石英，石英颗粒很细，粒径小于0.2毫米。京白玉结构为颗粒状集合体，因此性脆。其相对密度为2.65～3.0，摩氏硬度为7。颜色一般为纯白色，偶带微蓝、微绿或灰色，没有杂质。质好的京白玉质地细腻，微透明。

用肉眼观察，质量上乘的京白玉抛光后洁白如羊脂白玉。但除颜色外，在光泽、韧性、质地等方面与和田白玉均有差别。京白玉呈玻璃光泽，性脆，一些玉料有不均匀杂质。

新疆白东陵石（国外白东陵石）的辨别

新疆产的白东陵石（行内亦称白东陵玉）在矿物上属于绿石英岩类玉石，是含铬云母的石英岩，主要成分是二氧化硅。东陵玉产地较多，颜色也较多，有白色、绿色、蓝色、红色、棕色等。东陵玉除新疆出产外，印度、巴西、南非等地均有产出。

肉眼观察白东陵玉的切片，可见其上面有均匀的丝状分布，深浅

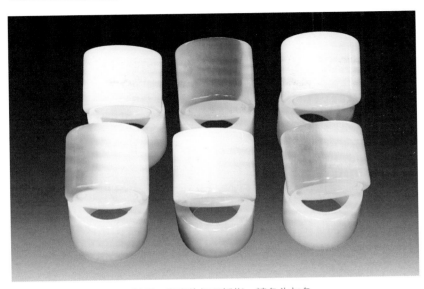

● 新疆、青海仿佤石扳指，糖色为加色

不一。因此，白东陵玉的颜色深浅不同，比不上白玉的价值，多用来做大型雕件。其挖的芯料可做项链、手链等首饰。

白色玉髓和玛瑙的辨别

玉髓是隐晶质的石英质玉石，由细小的石英集合体组成。白玉髓很像白玉，其透明度较白玉好，玉髓的密度为 2.60 克／厘米^3，因而手掂与白玉相同相等的制品时，有比白玉轻的感觉。玉髓的折射率（1.53）明显比白玉的折射率（1.60）低。

玛瑙亦为二氧化硅隐晶质集合体，其组成以隐晶质石英为主。玛瑙品种很多，有"千样玛瑙"的说法。其中白玛瑙一般无色，呈白色、灰白色、灰青色的白玛瑙易与白玉混淆；以黑和白为全色的黑花玛瑙称黑花玛瑙，为瓷白色，多不透明，黑白对比很漂亮，亦容易为作假者冒充白玉。

白色玛瑙和黑花玛瑙与白玉容易区别。

玛瑙在质地、颜色、断口、脆韧性、透明度、光泽、比重以及折射率等方面，与新疆白玉都存在明显区别，用肉眼观察和手感判断法不难辨别。

⊙ 白玉和大理岩类玉石的辨别

白色大理石品种多为由方解石、白云石等组成的碳酸岩类白色大理石，是石灰岩或白云岩接触变质，或区域变质作用重新结晶而形成。硬度一般为摩氏 3.0 度，玻璃光泽，呈微透明至不透明状。这类石材颜色洁白，以白色、淡黄色为多，但除了阿富汗玉外，其他质地较为粗糙，用肉眼可观

● 正在切割的阿富汗玉原料

察到细砂孔。白色大理岩容易与白玉相混，其鉴别方法主要有：(1) 白玉的摩氏硬度（6～7）明显比白色大理岩的摩氏硬度(3)高；(2) 在透射光下，用 10 倍放大镜观察，白色大理岩为粒状结构，与白玉的纤维交织结构明显不同；(3) 白色大理岩的折射率为 1.486～1.658，点测法为 1.60～1.62，该数值与软玉的折射率 1.60 非常接近，因而，用

● 四川汉白玉花瓶，大理石质

折射仪法鉴别时，一定要结合其它鉴定方法来确认；(4)白色大理岩的密度($2.72 \sim 2.86$克/厘米^3)比白玉低，在三溴甲烷（密度2.90克/厘米^3）中浮起，而白玉则下沉；(5)滴稀盐酸在白色大理岩上会起泡，在白玉上则不起泡。但采用这种检测方法，属有损性检测，应尽量在制品的不显眼地方进行。考虑到成品的美观，宜尽量不使用此方法。

● 阿富汗白玉牌

　　北京房山汉白玉：产于北京房山的纯白色细粒状致密大理岩，即汉白玉，非常著名。矿物成分为方解石，是我国著名的纯白色大理石。其颜色洁白，质地均匀，具有较好的透光性，是一种优良玉料，经常用作玉雕材料以及高级建筑装饰石。

　　与和田白玉相比，其结构、密度、硬度都与白玉相差很多。

　　四川宝兴汉白玉：四川宝兴汉白玉产自四川省宝兴县，料石呈晶体排列结构，颜色洁白，具有一定的温润感，表面看起来很像和田白玉。但其内部结构松散，密度小，硬度也较低，因此用手拿起来，会有一种发飘的感觉，价格和和田白玉也相差甚远。

　　阿富汗（伊朗）白玉：阿富汗白玉产自阿富汗与巴基斯坦交界的山脉中，（据传伊朗也发现相似玉石），20世纪90年代由台湾玉商引进大陆，属于纯净的方解石，应归入大理岩彩石类中。质地细腻均匀，具有油润光泽，肉眼看不到玉花。前些年出产的老矿料很容易冒充和田白玉。其原料块度大，杂质和裂隙较少，颜色为均匀的纯白色、乳白色和微红肉色，偶有层状条带组织，系紧密排列的片状方解石结晶，硬度3，比重为2.723；遇酸起泡。

　　阿富汗白玉经常用来雕琢白菜，谐音"发财"，象征"百财"临门。同时还用来制作如意、玉镯、项链、手链、印章、镇纸等玉件，用途很广。

⊙ 白玉和白岫岩玉的鉴别

岫玉因产于辽宁岫岩县而得名，是一种以豆绿色为主色的多色玉石，主要矿物成分为蛇纹石。

岫玉呈半透明至微透明状，有蜡状光泽，质地细腻，手感滑润。岫玉的硬度较低，硬度为摩氏 3.0～3.5 度，用小刀即可刻划出浅浅痕迹。它由微小的纤维状、叶片状晶体或隐晶集合组成，纤维长度 0.05～0.1 毫米，属单斜晶系。岫玉主色为豆绿、黄绿色。全白色、全黄色称白岫玉、黄岫玉。除此之外，还有红、褐黄、黑等色，常有白斑，俗称"石花"。

白色蛇纹石质岫玉与和田白玉等白玉外观比较相似，结构同样比较细腻，用肉眼辨别有以下不同：

（1）白玉主要为油脂光泽，而白岫玉则主要为蜡状光泽，油脂光泽弱。

（2）白岫玉的透明度大部分情况下高于白玉的透明度。

（3）白玉的硬度（6）明显高于白岫玉（2～5）。白岫玉质地中常见水纹，其制品的棱角更趋于圆滑。

（4）白岫玉的折射率（1.56～1.57）及密度（2.57 克／厘米 ^{3}）都比白玉低。

（5）白玉玉料往往颜色单一，而大块的白岫玉料可出现灰、黑、黄绿等几种颜色间杂的现象。另外，白岫玉与白玉在折射率、相对密度、硬度上有很大差别。

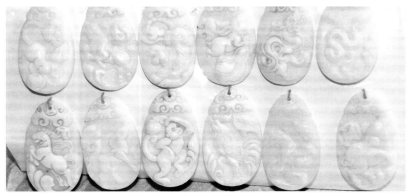

• 岫岩白玉牌

古代白玉的鉴别

近几年来，高古白玉的仿品水平不断提高，有些已经突破了前人鉴定古玉的理论，给辨伪工作带来了新的难题。面对这些高级仿品，需要从客观实际出发，针对其不同特点深入市场，总结经验，进行科学、客观、全面的分析鉴定。笔者根据古玉专家、学者、玩家多年的收藏研究、市场经验，总结出十种鉴定方法，可以作为判定古玉器真伪的参考。

工艺痕迹鉴定

使用 10 ～ 50 倍的放大镜，观察器物的抛光痕迹。适应范围是从新石器时代到清代的古玉器。局限性是腐蚀严重、脱皮、玉器钙化严重成粉状的器物不能鉴定。

古玉工艺，指古玉加工工艺。一是剖片；二是细加工；三是抛光。方法有两大形式：其一为清以前至新石器时代的古代手工及半自动化砣机工艺；其二为近代电动砣具工艺及滚筒摇光抛光工艺。新石器时代晚期，已发明手动砣轮，琢制用解玉砂，抛光用兽皮轮砣及棉、麻布轮砣等。由于是人力做工，所以压力小，砣轮转速慢。其钻孔特点多为喇叭状，长孔多为对钻而成，孔为中细，两端大，孔壁可见粗细不等的螺旋纹，且表面光滑。钻痕表现为往复的、相对平行的运动态势，螺旋纹不甚均匀。现代螺旋纹钻具因高速、匀速旋转，则不会出现平行的钻痕。机械孔壁较规整，留有细密均等的螺旋纹，而且不够光滑，孔口边缘也可发现崩碴。这是新石器玉器穿孔鉴定的重要方法。

战国时期铁器发明以后的穿孔则较规整，但孔壁螺旋纹不如机械孔壁螺旋纹细密均等。新石器时代与商周时期抛光多用兽皮沾解玉砂等为之，10 倍或 20 倍放大镜下可观察到粗细不均、方向不一的细凹线，

● 清 · 白玉瓶

间或也有杂乱无章的细凹线，并有层次感，明显区别于机械抛光或仿照古法抛光，细密均等较为平行的细凹线。还有，精品玉器地子大多平整、匀净、干净利落，重要的是垂直砣痕不能太过。电动砣具一般可发现垂直砣过的凹陷痕迹。

这种工艺是鉴定古玉真伪的极其重要的方法之一，在鉴定方面常起主导作用。

氧化鉴定

氧化鉴定是鉴定古玉极为重要的方法之一。工具是 10 ~ 50 倍放大镜和强光手电。方法是观察器物表面的氧化状况，需透光照射。适用范围是新石器时期至清代的出土古玉。此种方法的局限性是不能鉴别未受氧化的古玉。如果是近代传世玉器则不能鉴定。

氧化是指玉石在各种自然环境下与空气、水及其他物质所产生的化学变化。氧化有两种现象：一是钙化程度轻重不一的鸡骨现象；二是氧化严重成粉状。从矿物学角度上看玉器，它的质地致密程度是不同的，也夹杂一些其他物质。在长时间的化学作用下质地弱的部分，特别是玉器表面氧化后可出现不同程度的腐蚀形成的小孔洞。如果氧化情况较重，通常会在玉器表面钙化形成白斑，程度轻重不一，自然地覆盖在玉器局部或全部，有层次感，深浅不一。程度轻的，表面仍有光泽，严重的则腐蚀成粉末。这就是所谓的"鸡骨白"现象。

● 俏色白玉螭龙纹佩

值得注意的是：古玉器薄弱部位通常氧化较重，而经火烧过的假玉器就不是这样。火烧仿氧化古玉，表面通常为薄薄的一层呈粉状，没有深度和层次感，伪造鸡骨白的白斑点在放大镜下观察呈凹陷形，强光灯照射下玉质纯净、透明，氧化非常薄，任何部位皆有一致的深度。而自然氧化深度则有轻有重，通常尖角、边棱部位较重。氧化重的，灯光照射不透。近来市场上发现了利用天然氧化成的玉料做的伪古玉，对此类玉器还需从加工痕迹上看其氧化是否具有普遍性。

● 清·玉兽面双耳瓶

腐蚀鉴定

腐蚀鉴定与第二种氧化鉴定有关系，但不完全一样。二者虽然都是指器物所受的化学反应，但腐蚀比氧化的程度更重一些。氧化主要看颜色的变化，而腐蚀主要观察外形的变化。

此种方法也要准备 10 ~ 50 倍的放大镜和强光手电，适用于受腐蚀的出土古玉，而对于那些没有腐蚀现象的古玉和传世古玉则不适用。

多数玉器长时期埋在各种土壤中都会产生腐蚀现象，特别是酸性土壤对玉器的破坏较重。玉质较软氧化严重的玉器受腐蚀最重。其特点通常是蚀孔、蚀斑现象，有的蚀孔口小腹大，在放大镜下可观察到孔内化学变化形成的闪亮结晶体，这一点是目前任何方法都不能伪造的。通常氧化越重则腐蚀越重，目前用酸类物质腐蚀伪造的玉器，其表面通常呈现大面积凸凹不平的腐蚀现象，蚀孔、蚀斑明显，可以说砣工化尽，这样处理的古玉其蚀孔常常是外大里小，无结晶体，呈斑驳状。

需指出的是：有很多人利用自然腐蚀严重的玉石料加工成伪古玉。这种伪古玉的特点是腐蚀严重，但加工痕迹处却无氧化。鉴定时需要仔细观察加工的工艺，从古今工艺痕迹的不同点发现问题。

• 清·白玉雕龙纹带钩

凝结物（包浆）鉴定

此法是用 10 ～ 50 倍的放大镜和牙签，观察器物的不同位置，用牙签刮划附着物。适用范围是没有清洗过的出土古玉，局限性是近代长期在封闭环境保存的、清洗过重的出土古玉无法据此鉴定。

这种方法也称包浆鉴定。包浆通常是指玉在各种环境中，由其他物质在玉器表面黏附形成的一种物质，主要有四种形式。

一是土壤中的可溶性矿物凝结物。自然界的一些矿物有杀菌、驱虫、防腐的作用，古人以为它们有驱妖辟邪的功能，将它们置于墓葬和居所里。因此有一些老玉被赤铁矿、朱砂、雄黄等矿物粉末包裹或浸染，通过放大镜甚至肉眼就可以看到器物表面或缝隙中残留的矿物颗粒，在水化合以及弱酸作用下，致色离子由表及里渐进，深入地渗入玉器

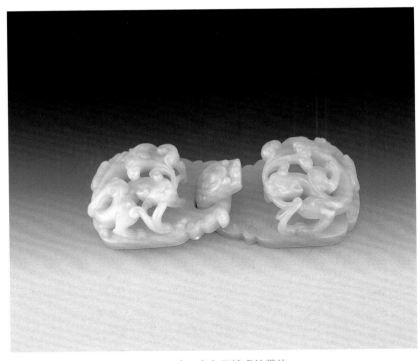

• 清·青白玉螭虎纹带钩

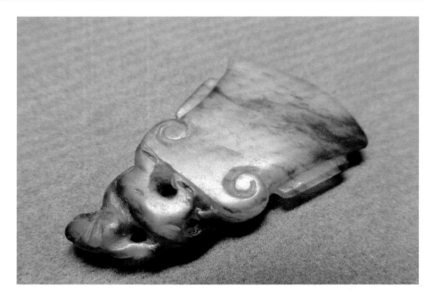

● 造型刀工是典型的明代风格，老玉玉质、包浆均为上品。

内部，颜色绚烂夺目。考古发现，距今两万年前的山顶洞人就将大量的赤铁矿粉末撒在山洞中。也因审美的需要，将石灰岩制成的珠子染成红色。我国战国和汉代的大型墓葬中，就经常有大量的朱砂及被朱砂染得鲜红的玉器。

二是玉器表面黏附的墓土或腐烂的杂物，如织物纤维的痕迹等。不少古玉直接放置在人体上，或者包裹于织物中，在一定的温度、湿度和压力下，纤维及颜料脱落，牢牢地黏附于器物的表面。因此，通过放大镜，甚至肉眼就能看见红、蓝、绿等颜色的织物纤维，经纬分明。再如植物根茎印痕。某些植物根茎有无孔不入的特性，植物蛋白新陈代谢而分解的酸性物质可以对器物的表面造成侵蚀，所以我们能够看到有清晰的叠压关系的根须状印痕。再如地下小昆虫的虫卵、残体等。地下小昆虫的虫卵、残体多在古玉的缝隙中，也可能残留在墓土中。如不仔细观察，很难发现。

三是古玉隙缝、孔洞中充填的碎石。地表有大量二氧化硅类和碳酸钙类矿物存在，它们会以液态或者以固态的砾石形式存在并运动着，在古玉空隙里聚集、硅化、板结，坚韧无比，即使是随水流入空隙里的一块小石子也难以剔出。

四是传世品上的污垢。

这几种物质都很微妙，颜色不一，需要经常观察实物。

真品的包浆，有一种是凝结在玉器表面的物质，这种物质在放大镜下观察也呈斑驳状，有的是矿物质溶化后形成的；有一些是透明状，有的则是半透明的，有的则是墓土。无论哪一种，都十分自然，凝结较实，并伴有墓葬气味。这种气味有的即使刷洗也仍然有，这也是气味辨伪的一个重要方法。

假的古玉器就不是这样。包浆松散，无墓葬味，无透明矿物质，即使有坚固的泥土包浆，也是胶一类物质所为，一烧、一洗即知。现在流行一种作伪方法，把古玉用细铁丝缠上，放入土中数月或数年后取出，红褐土锈可固结在玉上。但除了玉剑具外，真正的古玉很少会与铁一类物质共同存放、埋葬。可笑的是，这样的伪品有的竟然在一些小型拍卖会上出现，有的拍品甚至能明显地看出用铁丝缠过的痕迹。

● 金元·白玉带扣

● 清中期·玉兽面如意耳扁瓶

气味鉴定

备一些清水，用水点湿玉器，便可嗅出气味。适用范围是刚出土的古玉。局限性是：对那些出土之后经过刷洗且时间较长者和传世古玉不一定灵验，这种方法不太容易掌握。因为玉器埋藏的环境不同，气味也不同，大多有墓葬味、土腥味，还有传世味。一般玉器的气味以新近出土最为浓烈，熟悉这种气味最好的办法是多嗅老窑陶瓷，特别是新近出土的陶瓷气味，尤以战国至汉代的陶器最为典型，它们的气味与同墓出土的玉器相同或相似。此种方法仅限于新近出土的玉器。

那些伪造的出土古玉，不仅没有墓葬气味，相反还有种刺鼻的化学气味或单纯的土气味，用这种方法鉴别特别灵验。但有一点需注意的是：带有泥土杂物的玉器，不论早晚出土，必须有墓葬味，用水一浸或呵气，其味更大，反之，无味则必假。

● 仿古子玉白玉如意

沁色鉴定

沁是古玉长时间在各种存放环境下，与所接触的器物、土壤、岩石等产生的颜色变化，是另一种物质分子渗入玉器局部或内部产生的颜色。它是物理现象

● 汉·和田玉瑞兽

所产生的自然色变。业内通常叫"沁色"。如古玉存放周围有氧化铁的成分，可能出现红色的沁；周围有水银，则可能会有黑色的沁；纯粹的黄土可能会导致土沁。存放黑色漆器内则可能产生黑色沁，在黄土内埋藏则可能产生黄褐色沁。

此方法也需要10～50倍的放大镜和强光手电，仔细观察玉器的解理和受沁部位。在强电灯光下观察，沁色通常是在玉的接触部位薄弱或自然解理、绺裂等部位所产生的。然后沿解理或裂隙部分扩大渗透，严重的可浸透全器，这叫"满沁（浸）"。沁色古玉盘玩之后会慢慢变色，大多沁色由灰白变红，使其颜色更加鲜艳。

通常情况下，真品古玉的沁色比较单一。颜色较暗、较乱的沁色和鲜艳的沁色就值得怀疑了。真品即使玉有解理、裂隙，但不是接触部位，不一定有沁色。采用化学或物理方法仿造的沁色通常为"满沁"，也有局部沁，其特点是沁色较多。一般的激光伪沁并不一定是在玉的薄弱或裂隙处进行的，强白灯光下观察可知这一点。但也有用高科技沿玉的解理或绺裂处进行激光伪造沁色的。不过真沁大多数表现为由深到浅的过渡色，而采用现代科技伪造的沁色一般无过渡色。当然，古玉存放环境干燥或玉质致密也可能无沁色出现。

化学鉴定

准备一些食醋和丙酮，把玉器局部烧煮，用丙酮刷洗。适用范围是氧化古玉以及仿氧化古玉。

目前化学鉴定常应用两种化学物品，一是食醋，二是丙酮。鉴定方法主要针对伪造氧化严重的鸡骨白、泛白、白斑现象。食醋是针对一般石灰、火及其他方法烧制呈白化现象的伪古玉。方法是先把醋烧开，把伪古玉局部浸煮 1～3 分钟，拿出之后用水可清洗掉白色粉末，水呈白浆状，氧化薄的部位可露出玉质，真假立断。这种方法对真氧化白斑是清洗不掉的。丙酮主要是针对用胶及颜料一类物质调成的白浆，涂刷在玉器表面。利用丙酮局部刷洗，即可洗掉白浆，真伪立断。如是真古玉的鸡骨白现象，在短时间内就不会出现上述反应，是洗不出白浆的。

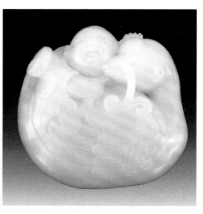

● 仿古白玉什件童乐图

● 仿古白玉什件童乐图

但这种方法需要慎用。万一是真的古玉，千万不可长时间浸煮在酸性化学溶剂里，因为任何玉石长期在酸性溶液腐蚀下都会受到破坏。

水渍鉴定

在地质及大气条件较为稳定的情况下，古玉埋藏在地下常常有微细的潜流在运动。由于潜流涓涓不息，常年流动，浸润、侵蚀着玉的表面，长时间会在玉器表面形成流动状的、深深浅浅的水渍，在高倍放大镜下观察可以发现。而现代新工作伪因技术所限多不能伪造水渍现象。

碳化鉴定

古人有"炙玉"的习俗。火烧过的玉器往往有生物碳的附着和渗入，呈点、面分布，往往很深入，无法消去。所以在鉴定古玉时，一定要在强光和高倍放大镜下察看有无碳化痕迹。

● 清·乾隆时期玉雕笔筒

艺术鉴定

这种方法主要靠人眼观察，与真器对比研究来掌握，也是仿品最难达到的因素。在中国玉器制作工艺史上，每个时期都有特点鲜明的艺术风格，不同时期有不同的艺术风格。每个时期既有成熟的艺术，又有不成熟或成长中的艺术。熟悉各个时代、各个地区的玉器工艺水平是鉴定古玉的先决条件。玩家不仅要看一些玉器理论书籍，而且还要多看玉器图录及博物馆、收藏家的实物资料，以增强对不同朝代玉器工艺的直观认识。

技术水平并不等于艺术水平，有时技术达到了，艺术却达不到。古代玉器成熟的艺术是当今难以仿制的，那些艺术水平高的玉器更难仿制，鉴定起来也相对容易。譬如汉代玉人物、马、兽类玉件，特别是圆雕作品，其圆润、饱满、流畅的线条，迄今仍极难仿制。可以说，愈是技术含量高的大件作品，如圆雕作品，器形复杂的作品，愈容易鉴定。原因是制作难度大，仿造容易留下破绽，作假者多不敢伪制。相反，那些器形简单、艺术含量低的玉器仿制相对容易，鉴定起来相当困难。

淘宝实战

白玉收藏投资的原则

白玉的投资收藏选择什么好，社会上仁者见仁，智者见智。业内普遍的看法是，由于白玉材料的资源性价值，使得它在艺术品收藏中更具潜力。鉴赏白玉应掌握十个字：山川之精华，人文之精美。山川之精华即玉石的材质美、颜色美。

当代白玉收藏投资的原则

人文之精华即玉器的雕琢美和品相美。其表现在投资收藏的价值上，应体现原料价值、工艺价值和思想价值三个方面。其中质地、颜色、雕工、品相、艺术、名师六个方面，是评价玉器价值高低的基本原则（标准）。

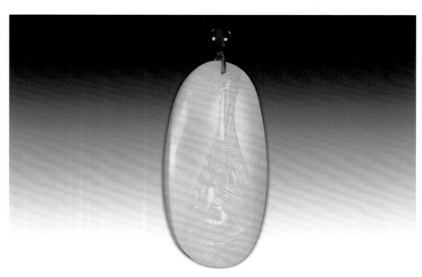

● 和田子料白玉仕女吊牌

⊙ 质地根本的原则

选择收藏的白玉质地一定要好，这是是否需要投资的根本。同是白玉，由于玉种的不同，它的质地和美感会有差异。好的和田白玉质地一般应符合以下要求：晶粒间隙小、晶粒粒度匀、透光性一致、显微裂隙小。其观感应该是柔和细腻、致密坚韧、滋润光洁。青海白玉的质地与和田玉相比，内在结构粒度稍粗但比较均匀，质感比较细腻但略显"嫩灵"，

● 泛着银白色光芒的和田玉白玉子料

水头较足但油润度低。其观感应该是色泽晶莹、洁白无瑕、玲珑剔透。

由于过去开采的高端白玉琢制的艺术品大多已为有识之士珍藏，产出的原料多被专业厂商和琢玉师傅保留，等待更理想的价位再出手，或更理想的题材再动砣，玩家如遇到的和田白玉或青海白玉只要符合上述标准，要果断出手。因为有了质地好的玉料，以后的设计雕琢、出作品就会顺理成章。

⊙ 颜色优先的原则

在软玉里面，以白玉为上；在和田白玉、青海白玉、俄罗斯白玉、韩国白玉四类白玉中，以和田白玉为上；在和田白玉中，以优质白玉优先，青白玉、青白子次之；其中优质白玉，以和田子白玉为上；子白玉中，当然羊脂白玉最好；羊脂白玉中，带美丽皮张的子料最值得收藏。除带皮张的和田子料外，和田山料和俄罗斯山料中的糖色玉备受业内喜爱，多成为巧雕的首选。由此可见，在白玉鉴藏中，白色、俏色、皮色等三色应作为优先把握玉料好坏的原则。

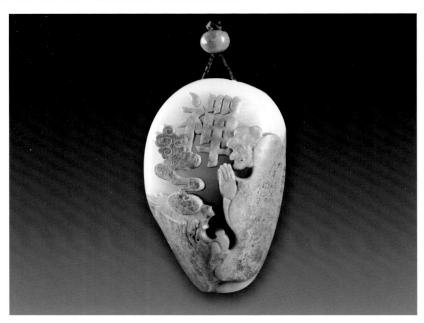

● 和田（俄罗斯）白玉"禅"

张红哲作品

⊙ 工艺关键的原则

　　每块白玉玉料都有其个性特质，善于发现和尽量突出其天然特性，就能实现玉料的工艺价值。在确定一件玉器为收藏对象的时候，首先要考虑白玉材质的稀有性，但更要考虑适合玉料特性的工艺方法最佳性。材料质地、颜色、大小和题材、工艺合理结合，玉器浸透了艺术的智慧和创意、功力，这样的玉器肯定会有较高的收藏投资价值。

⊙ 名师求索的原则

　　相同的时代背景，相同的玉料质地，相同的创作题材，相同的工艺标准，不同的艺人来创作，由于个人素质的不同，追求喜好的不同，经验积累的不同，观察思考的不同，创造出的作品也会不同。不同琢玉师的审美、习惯、形式、工艺、痕迹都会呈现出强烈的个人色彩。这种个性化的风格逐渐形成了白玉作品的艺术价值和收藏价值。

由于玉石雕刻大师和工艺大师深厚的艺术造诣，丰富的创作经验，开阔的设计思路，新奇的作品创意，精美的雕琢工艺，使其作品捧者众多，备受推崇。因为大师们的作品纯手工制作，一人一年的成品很少，其后继潜力和升值空间不容怀疑。由于好的白玉材料日趋紧缺，出自大师之手的精美工艺品价格会呈几何级数增长，名师名家的作品应该成为投资收藏者首先追索的目标。

⊙ 品相完美的原则

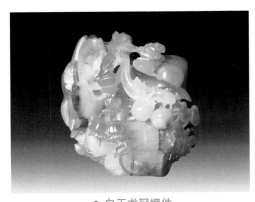

● 白玉龙冠摆件

白玉成品的品相包括大小、造型和有无瑕疵三个方面。在上述四种价值相垺的前提下，品相优劣成为评价作品价值高低的标准。

一般来说，在质地、颜色、工艺、艺人相垺的前提下，玉器的尺寸越大，重量越大，品级就越高，价格就越高。玉器构思巧妙，造型独特，比例恰当，当然卖相好；造型庸俗、比例失调、做工粗糙自然很难引起买家的青睐。品相越好，杂质和绺裂越少，价格就越高。有些玉器，玉质、做工都不错，也出自名门，但由于或玉质有瑕、或绺裂明显，会大大影响作品的艺术价值和经济价值，难以引起买家的重视。

白玉作品的大小容易判断，造型容易辨识，但品相的优劣要仔细鉴别。因为白玉的瑕疵和绺裂往往被巧匠的妙调（如巧雕、涂油、过蜡等）所掩饰，一不小心就要多交学费。

⊙ 主题突出的原则

玉雕作品的人文价值即思想价值，亦即玉器的主题思想价值。思想价值是文化、精神、艺术、宗教、风俗、哲学等内涵的集中体现。

它通过玉器图案和寓示的含义，诠释艺术家需要表达的思想价值。思想价值的体现师承传统又与时俱进。所谓师承传统，即借鉴中国古代的吉祥图案，表现民间希望祈福纳祥、趋吉求安和禳灾避凶、驱除邪祟的良好愿望。这种思想价值因迎合世人求吉、纳财、佑祥的心理，几千年来始终得到百姓的认可。所谓与时俱进，就是继承发展、推陈出新，以新概念、新思维、新技法，体现不断发展的审美观念和流行意识。唯其如此，结合了玉材、工艺和人文内涵的白玉作品方可成为有市场、有价值和有生命力的艺术品。这也是白玉高出一般陶瓷、书画、刺绣、紫砂等艺术门类收藏价值的原因所在。白玉材料虽有资源价值，但若被文化素质低下的艺术粗制滥造出粗俗的题材，就是对美丽白玉的不敬和糟蹋，又是对白玉作为思想、人文精神载体的侵害和犯罪。这种破坏资源价值，缺乏工艺价值，亵渎思想价值的产品，绝不值得人们收藏投资。

● 和田红皮子料挂件连年有鱼

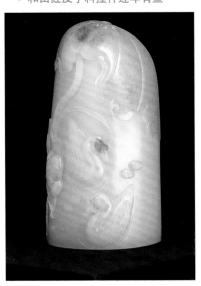

● 和田子料白玉摆件和和美美

古代白玉收藏投资的原则和方法

古代白玉集艺术文化于一体，真正的古玉具有保值升值的特点。尽管出土古玉和传世古玉越来越少，但具有文化消费和投资回报双重功效的古玉器收藏，仍然是目前收藏潮的热门玉种之一。

收藏古玉器是知识、经验、阅历、资金的综合智慧。在具体运作时，特别要注意以下十点：

⊙ 识玉料

玉料是古玉器收藏的重要前提，应该把注意力集中放在玉的材质上。首先重视的是玉的材质、质地，认真辨别真玉（和田玉）和假玉（似玉）后，再观察玉的外观、色泽、造型和工艺。优质玉材和田白玉，必须具备质地细腻，色彩均匀、纯正，结构致密、坚硬，洁净无瑕、温润，给人一种质色纯正、细腻滋润的感觉。

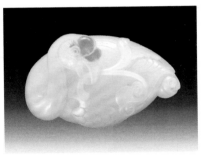

● 白玉衔草报恩佩

⊙ 辨造型

造型是认识古玉器的宏观世界，是古玉器审美的构架。我国古玉器的造型特征分为几何形、象生形、仿古形三大类，历朝历代均有不同。每个时代都有它的特色。这种特色形成了每个时代玉器的特有形制，是时代特征的写照，也是判断其年代的重要依据。

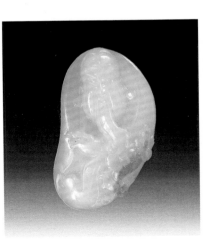

● 白玉关公佩

⊙ 鉴纹饰

纹饰是古玉器鉴定的微观世界，是雕琢在玉器上的一种时代符号。不同时代流行不同的纹饰，历朝历代的纹饰都有自己独特的风格和特征。掌握各时期古玉纹饰的特点，是鉴别古玉器的重要依据。

⊙ 析工艺

古玉器工艺是由玉料变成玉

● 和田（俄罗斯）白玉巧雕风景吊牌

器的技术条件，最容易透露出它的时代信息。识别古玉器加工工艺是鉴识古玉器极为重要的一环。不同时代，使用的工具不同，各项工艺的精度也不同，构成了古玉器加工的时代特点。

⊙ 阅沁色

沁色是古玉器在长期埋在土壤中，受到各种矿物质的浸染产生的色质变化，呈现出悬浮于玉器外表深浅不同的变化，如蚀斑、沁色等。沁色好、部位妙当然视觉美、特别，价值自然就高。了解和掌握古玉器沁色的规律，对于鉴别古玉器非常重要，是断代的重要依据之一。

⊙ 品艺术

艺术是每件古玉器最高的表现形式和追求的最高境界。古玉器艺术表现使作品的构思、主题显示出独特的个性，内涵丰富，充满灵气，给人留下无限的想象空间。古玉的艺术美集中表现形式为质美、形美、工美，具有特殊的神韵美，即狞厉之美、拙朴之美、粗犷之美、流畅之美、华丽之美、简约之美。形神兼备的古玉器是崇玉文化的最高成果，是艺术美特有的表现形式。

⊙ 观创新

我国历朝历代的古玉器都有创新的艺术形态。创新是古玉器的文化精髓。只有创新，才有发展。从艺术创新的角度分析，有创新意义的古玉器都具有较高的投资收藏价值。如玉与宝石组合的古玉器，不同玉种之间搭配的古玉器，玉与贵金属镶嵌的古玉器，具有独门绝技的古玉器，具有特殊工艺创新的古玉器，反映重大历史题材的古玉器和推陈出新的古玉器等。

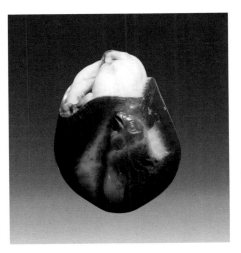

● 白玉鱼戏莲叶佩

⊙ 分门类

我国古玉器存世数量不多，每件古玉器的造型样式极少雷同，因而具有较高的鉴赏、投资、收藏价值。总体上可分为二类：一类为出土玉器，大多是因殉葬而埋藏在地下古墓中，唐代以前的古玉器以出土古玉器为主，极少有传世玉器。另一类为传世玉器，一般为祖传，家传保存。唐宋以后的古玉器，元、明、清代传世玉较多，但也不乏

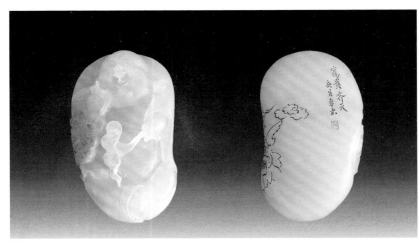

● 白玉笑佛把件

出土玉器。如因文物发掘或因盗墓而出现的古玉等。传世玉器如与王公贵族、将相、历史名人沾边，与古迹沾边，肯定比寻常百姓家传承的玉器价值高；或史籍不载，具有神秘、特殊的来历，形制异常的玉器，因少见亦容易诱人购买。二者均更值得收藏。

⊙ 防臆造

即凭空捏造。作伪者或按照青铜器造型制作玉器，或者把各种貌似相干的器型拼凑一体，伪称古代某王侯、将相、贵侯的传世文物或出土玉器。此类臆造古玉多伴有动人故事，造假者巧舌如簧，伪情常能移人心智。对于这些价格不菲的臆古玉，一定要头脑清醒，多请教行家，察其破绽，慎重交易。切勿轻信妄言，脑瓜一热就掏钱。

⊙ 察仿古

按照图谱，以玉料甚至子料仿古，连刀法也逼真模仿，业内一般称之为"高仿"。上海、苏州、徐州、蚌埠等地的高仿就很出名，连一些小型中型拍卖会都有用这种玉器冒充老货，常常使买家走眼。但对高仿玉既不能一概排斥，也不能全盘收罗，像清代以前一些仿古玉器就很有收藏价值。

当代白玉收藏投资的方法和时机

⊙ 白玉收藏投资的方法

白玉类的收藏投资有其特殊性。一是投资对象多为单个实体，也有股份制；二是现货投资，当场买卖；三是零散投资，规模性回报；四是后入行者需从原投资者手中获得投资实物。这些特性，决定了白玉投资收藏市场在一般情况下，运行轨迹应该会整体向上。鉴于玉器收藏和个人的财力、思路、具体情况相关联，投资办法个性很强，不能一概而论。但综合藏家的心得，以下办法可供参考。

● 白玉高风亮节牌

高风亮节 辛卯年春月，刘国皓作品。

1. 由小到大，由低到高法

刚迈入投资收藏市场，难免因知识、经验和资金等因素制约，不可能入门即收藏大件、高档、昂贵的玉器。只能从小件、价值低的玉器入手，待取得经验、熟悉市场后再循序渐进，由小到大、由低到高，这样入门较为稳妥。

2. 视货随行，相机投入法

经常到市场去观察，看到好的玉器，自己正有空余资金就买下来。没有时间，钱不凑手，货不中意时就不要买玉。

3. 固定金额，分次（定期）投入法

计划一定时间，筹备一定款项，多次或定期购买玉器。这种办法以收藏小件玉器为宜。

4. 结伴出资，风险共担法

为共同承担风险，也为了集中智慧，可以结伴出资，以集体财力购买玉料、玉器。这样可以小钱拥有赏玩价值较高的东西，或者收藏

更多的东西。此法在购买和田白玉、昆仑白玉、俄罗斯白玉原料时业内人士多采用。

5.一次投入，规模经营法

将计划投入的资金一次买足，或在较短的时间内陆续买入后，不再继续购买而静待升值。这种办法有一定风险，适合以下类型的投资人士。

(1)判断想收藏投资的玉价偏低有上涨空间，因而趁低价时快速买进。如近几年来高档白玉和古玉价格一直走高，投资的回报比较明显。

(2)对玉器的市场了解透彻，清楚收藏玉器的原渠道，掌握产地和收藏者当地的行情。

(3)对投资项目有相当的把握，对运作秩序有透彻的了解。如对辨别、行情、渠道都不掌握，一般不能采取这种办法，以免资金损失。

6.综合情况，混合投入法

视知识、经验、资金、市场等综合因素灵活运用上述办法，及时运作资金，买进卖出。这已经是收藏玉器投资人手法熟练的高级阶段。

● 和田糖玉顶礼膜拜山子

⊙ 白玉收藏投资的时机

投资收藏白玉，应该注意买入卖出的时机。

1．买入的好时机

（1）因投资渠道狭窄，资金需升值但没有理想投资方向，可以选择白玉作为稳妥的长线投资。

（2）经济不景气，艺术品价格走低时买入玉器。随着经济的复苏而价格会上涨。

● 和田子料白玉手把件玄机在握

（3）知道何种玉器会有人炒作，赶快投入。如2008年北京奥运会的昆仑白玉纪念品，炒作的人很多获利。

（4）发现珍品玉器时，应把握机会，不惜代价果断买入。

（5）遇上超低价买入机会时，如有人周转困难，急需资金而低价出让时。

2．卖出的一般时机

（1）经济走向繁荣，人们因收入增加而愿意对艺术品投入，可以理想价位卖出。

（2）个人手中资金银行储蓄不划算，由于各种因素投资渠道又狭窄，纷纷寻找金银、宝玉、书画、陶瓷等工艺品保值增值的时机，可抓紧卖出。

（3）所投资项目价格已达高峰，不容易炒上去时，应见好就收，立即出手。

（4）珍稀之物已变得不贵重了。如一块质地、题材、工艺俱佳的玉佩，本来价值不菲，但人们通过电脑雕刻成批仿制后大量上市。

（5）自己因投资周转、经济困难需要资金之前寻机出售，取得较理想价位，以免到时贱价求售，甚至被司法机关拍卖。

最后一点非常重要。常有收藏者冲动购买喜好的玉器，不知不觉间用尽资金或透支，只好割爱贱价出售藏品用于周转，那就得不偿失了。

白玉收藏投资的取舍

⊙ 白玉收藏的追求重点

　　以雕工分，战国、宋、明、清不同朝代、不同工艺的古玉器，因其雕工好而价值有趋涨的空间。

　　以沁色和形态分，老土大红色、红色、褐红色沁、黄香色沁、水银色沁的系列色，钉心沁、巧沁、多色沁少见、稀罕，因受大众喜爱应注意收藏。

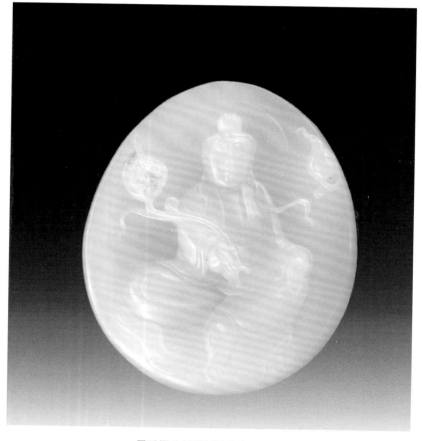

● 用手镯芯料琢制的青海玉观音牌

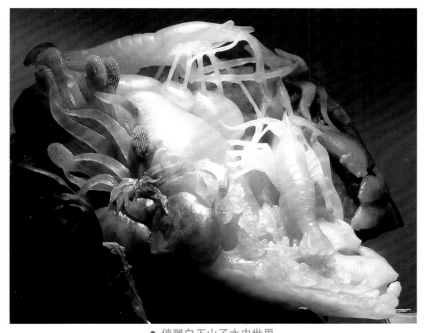

● 俏雕白玉山子水中世界

　　以玉种分，好的白玉因为喜好者众，料好、工好的玉器价格肯定持续上涨；而独山玉、岫岩玉、玛瑙、琥珀、青金、绿松石、珍珠、水晶因地域和喜好人群的限制，就不如收藏高档白玉和其他软玉增值保险系数大。

　　以题材分，神仙、历史名人、吉祥禽兽、祥瑞植物系列普遍受欢迎。特别是瑞祥禽兽题材的玉器，更是受到世界性的欢迎。

　　以寓意分，以吉祥典故、成语故事衍生的吉祥玉器受到人们的欢迎。因迎合普通人求福纳吉的心理，保值增值的空间广阔。

　　以趣味性分，子冈牌、多宝串（项链）、印章、如意、鼻烟壶、玉勒、平安扣（怀古）、扳指、手镯、手链等较受大众欢迎。

　　以下情况也应引起收藏者注意：

　　一是有同样的一对或几件更值得收藏的玉器。

　　二是由于增加了玉件的趣味性、工艺性或实用性而增值的玉器。

三是具有某种特殊吉祥意义、用途广泛的玉件会更好卖。如三脚金蟾、貔貅、和合二仙等。

四是特殊时机下会超值的玉器。如马年快到，自然"马到成功"之类玉件好销。猴年快到，一般"马上封侯"等与猴有关的题材玉件好销。

五是可以改变形态，以不同组合方式佩戴、陈列的玉器，因其用途较广，喜好者众，而易增值。

六是有名家落款的玉器。自古至今的玉器，除非玉质好、雕工也好的作品，琢玉人一般不落款。这自然与古代琢玉匠和文学家、书法家、画家地位不同有关。但凡落款的玉器就很特殊而且价值不菲。如明代苏州制玉匠人很多，但多不落款。而陆子冈由于善制玉牌，作品一般落款，这种俗称"子冈牌"的作品传世就价值很高。同样，当代琢玉大师的作品因为有落款价值也高。

七是有书法刻字的玉器。不少琢玉师工艺好，但书法不一定好，因此作品上不常以书法刻字。但玉器上如有书法家写字、名人题词，或镌刻古诗词、成语等吉文，而且字体漂亮，会有较高的价值。但近几年电脑雕刻流行，玉牌上机制文字大量出现，由于千篇一律，缺乏个性和灵气，依然难以升值。

八是系列齐全的玉器。如礼玉系列、文房系列、玉剑系列、酒器系列、茶具系列等，如果能收集到相同的一套，因品种齐全会产生超值效应。

⊙ 白玉收藏应回避的重点

一是雕工粗陋的玉器。可能是粗工所在地的工艺，可能是学徒所雕，或者雕工无力，不精致、粗糙等，一般不宜买。

二是造型勉强的玉器。有的玉器因迁就玉料，雕琢之后整体看起来很不自然，或摆放起来很危险，这是业内俗称的"工就料"；或者设计、雕工都一般。因功夫不好而造型不尽如人意的作品一般不宜买。

三是有缺损断裂的玉器。常发生玉器细的镂雕部位断缺损毁，动物禽鸟耳、爪、尾有断缺的，或小小碰缺的玉器，因出售时会有影响，原则上不要买。

另外，玉器有较明显的绵、绺等瑕疵的，除非工艺、质地特别好，最好不要买。判断玉器是否有缺陷，除了眼观察（包括利用放大镜、灯等工具）、手触摸之外，有时还要耳朵听，办法是把玉件悬空挂起，以另一块玉轻轻敲击。如玉料无缺陷则声音清越。如声音低沉或喑哑，则应注意可能有残缺断裂。

● 和田玉子料福寿如意手镯

四是造型不雅或不讨人喜欢的玉器。如便器、漏桶，九孔填塞、性器具等不雅之物，或蜗牛、乌龟、飞蛾、毛虫、蛇、蝎之类普通人不喜欢的东西，由于销路所限，虽是古玉或高档玉料仍少买或不买为好。

五是伪劣仿古品的玉器。像染色的新工仿古玉器，现代仿工，染色痕迹明显，坚决不要买。

六是改雕修补的玉器。玉器因各种原因出现断裂缺陷，厂家往往采取灌蜡、涂油、改雕、粘接等方法予以修补。虽然这些措施遮掩了缺点，但遮了一时，遮不了一世。到一定时间，断裂缺陷仍会暴露。所以一般不要买改雕修补的玉器。

七是类似玉的大理石、玻璃、树脂等冒充玉石制作的成品，或不能判断是否真品的玉器不要买。

八是批量机制的玉器。如以喷砂雕刻、灌模制作或机器自动化制作的玉器，千篇一律，呆板机械，无特色，无灵气，虽规格齐整，作为一般佩戴尚可，作为收藏，万不可因价低而心动。

九是普通的东西。如镇、塞、避、玉勒、带钩、发簪等器物，因为制作容易，题材平常，在玉器、古玩市场常可见到。一般说来，这些造型普通的玉件升值空间不大。所以除非玉质玉工特别好，玩家一般不要特意收藏。

十是无法判断是新玉老玉或具有一定工艺水平的仿古玉。不能判断是新玉老玉的玉器当然不买为妥。但对高仿玉器则应辩证处理。如系自己欣赏，或以后仍以仿古品的价格出售，随个人的喜好当然可以买；但以后要以真品的高价出售，就应该考虑可能引起的纠纷、官司，或自己在业内的人品损失。因此原则上讲即使不错的仿古件宁可不买。

此外，尚有炒作行情末端的玉器，窃贼出售的盗品玉器等，当然不买为好。

当代玉器收藏投资的误区

1. 只重产地，不辨玉料

因为价格相差明显，在一些正宗玉料的产地，不法商人经常出售结构极为相近、类似本地玉料制做的玉器以牟取暴利。而人们也往往相信在当地购买的玉器，一定是某种玉料雕琢的玉器。如在新疆，人们常买到俄罗斯白玉、青海白玉的工艺品。因为二者与和田玉有着结构和成分相似相近的特点，一般人在外观上难以区分。不少人甚至买了白东陵玉器。到青海买了白色的伋伬石玉器。这就需要顾客打好功底，慎重选择。

2. 只慕名气，不识工艺

人们一般相信到某个知名的琢玉地，买到的就是这里工艺的玉器，这是仰慕好工使然，无可厚非。以苏州为例，苏工天下有名，尤其是小件玉饰。但因为苏州玉器加工业发达，技术交流融洽频繁，反倒造成在苏州当地出售的玉器鱼龙混杂。以工匠为例，既有土生土长、从小在玉器厂学艺的传统派，

● 玉料市场购销两旺

又有曾经在北京、上海等地专业单位打过工的巧手，更多的则是新疆、河南、安徽自带工人来苏州的艺人。因为师傅的不同，工艺的不同，他们的产品被观前街或文庙的商铺采购后出售，自然工艺优劣不等，玉器良莠杂陈。有志于收藏者，应熟悉各地工艺的特点，方能得心应手。

● 白玉高级餐具

3. 只论规矩工整，不识机制手工

随着电脑雕刻、机械喷砂、超声波压型、电火花切割技术的广泛应用，工艺稳定、批量生产、时间短暂、滚筒抛光封蜡后即出成品的玉器大量涌向各地市场。因成本较低，特别适合做纪念、庆典性质的玉器，受到多数纪念、庆典、颁奖、福利之类活动组织单位的青睐。如果爱玉者只是选购一两件自佩或赏玩，自无不可。但收藏者以获利为目的，对机械制造的玉器则应慎重。因为千篇一律，已不是传统的工艺，增值的空间肯定不大。另外藏家需注意的是，一件玉器利用现代技术成型后再施手工，略加修改，留点雕琢的痕迹以乱人眼目，尤其是有点名气的师傅作品更需注意。否则，即使行家也可能走眼。

4. 只重皮张，不重玉质

玉器做假皮由来已久。但像翡翠的假皮由于年代长、传播广，已很难蒙混有经验者。值得注意的是软玉类的假皮有愈演愈烈的趋势。现代工艺做的假皮，当然不是为了追求"古风古韵"，而是冒充子料赚取巨额差价。目前全国不少地方的古玩、玉器市场多处见到假红皮浅雕件。一些收藏者对此不加留心，只重皮色不重肉质，往往买些假皮子料却混然不觉，耗费钱财，上当受骗。

5. 只买和田白玉，不买其他白玉

目前，白玉的收藏越来越热，中心多聚焦在和田白玉上。甚至有玩家痴迷到非和田子料不看的程度。"一川之水奔三峡"的结果，已

经形成了极端。它一方面加速了和田白玉供不应求，促成和田白玉更奇货可居；另一方面人为抬高和田白玉的价值，使其达到惊人的高价，诱发造假者以假充真，以次充好，坑蒙欺诈现象更加频繁。不少人上当后对青海白玉、俄罗斯白玉也不敢再看，甚至对白玉也厌恶起来。

　　非和田白玉不藏的误区是对白玉整体认识不足造成的。实际上，首先，俄罗斯白玉、青海白玉、韩国白玉与和田白玉同属软玉，矿物组成和化学成分基本相同，因产地不同而在结构和外观方面有所差异；其次，俄罗斯白玉、青海白玉等白玉产量也不大，同样符合"物以稀为贵"的投资价值，只不过价值与和田白玉比，有高低之分而已；第三，和田白玉在白度、光泽、腻度、结构等方面的优势是一种概念和参照标准，俄罗斯白玉、青海白玉的好料质地往往高过和田白玉山料，甚至一些

• 白玉节节高摆件

子料，其价格早晚会（部分已经）高过它们。这已为明智、先觉的藏家早就搜罗俄料、青海料白玉的行动证明。何况和田白玉的皮好肉好子玉，特别是羊脂白子玉，往往有行无市或已被藏家炒足。初入行投资者不是难觅佳物，就是望而却步。因此要改变只有和田白玉是真白玉，俄罗斯白玉、青海白玉、韩国白玉（质优部分）是假白玉的错误认识。

6. 只爱和田白玉，不屑同宗他玉（青玉、碧玉）

随着市场上子好、工好、能玩，包括"开门"的和田白玉越

● 和田白玉糖玉钟馗夜巡山子

来越少，一部分收藏爱好者陷入迷茫。他们一味崇尚和田白玉，而对白玉同宗的青白玉、青玉和碧玉则不屑一顾，认为档次不高。这种爱好者的想法其实简单。

和田软玉品质的好坏关键在于质地的"润"、"糯"、"油"。和田白玉与青白玉、青玉、碧玉系出同门，主要矿物成分无大的区别，色泽只是其中的一部分。色如晴空、色如绿水、质地温润、工艺精良的青玉、青白玉、碧玉同样惹人喜爱。在和田白玉资源匮乏、原料紧缺的今天，好的青白玉、青玉、碧玉同样具有收藏价值。何况这些玉料也一样面临资源枯竭的局面，资源性升值的空间不亚于和田白玉。

其实，在故宫博物院收藏的乾隆把玩吟咏过的玉器中，青白玉、青玉占了很大一部分，有陈设器、礼器、文玩和佩饰等，甚至大部分玉玺也是青玉制成的。这些玉器的价值不可估量。

因此，作为一位成熟的玉器收藏投资者，对玉器的鉴赏应从多方面、多角度考虑，综合评价。玉料珍贵，青玉、碧玉、青白玉也值得赏玩。

白玉收藏投资的渠道

目前，玉器经营的市场越来越大，玩赏玉器的人群越来越多，但好的玉器收藏品却越来越少。为此，收藏玉器投资者可在如下地方购买玉石玉器。

玉石原料的产地

通常来说，玉石原料产地的价格比外地价格要低，因为减少中间商环节，也减少了运费，投资者批量购买，价格可以优惠。如正宗和田玉的产地在新疆和田、喀什、巴州，青海白玉的产地在青海格尔木，俄罗斯白玉的原产地在乌兰乌德，交易地点多在内蒙满洲里和二连浩特等地。在这些地方购买玉石，肯定比在扬州、苏州、上海等白玉最终加工地便宜。

● 俏色金玉满堂牌

大型玉石玉器交易市场

按照市场价值规律，市场越大，价格越低。因为收藏投资者会货比三家，而玉石经营者又有激烈竞争，以低价战略取胜，所以竞相降价。有时，大型玉石市场甚至比原产地价格还低。如河南镇平玉石市场上的白玉价格，有时比白玉原产地的价格还低。内中原因是原产地的人不懂市场规律，看到如此多的人前来买货，以为珍贵无比，滋生了盲目的囤积居奇心理，一味报高价。刚涉入此道的投资者并不懂价格，以为原产地的价格最低，大量购买，这样更导致了原产地居民的抬价习性，故而价格居高不下。

大中城市、重点旅游区的玉器商城

由于玉器投资日旺，很多城市都已建有或将要建玉器商城。玉器市场是摆摊经营，经营成本低，故而价格较低；而玉器商城是门店经营，故玉器商城一般比玉器市场价格要高些，但也不可一概而论。如仔细寻找，玩家经常可以发现一些商铺的玉器价格并不高于玉器市场。

玉器商城的货一般比玉器市场要精致高档一些，这是由商城的规模和档次、品位所决定的。

● 热闹的河南镇平石佛寺玉料交易早市

各个城市的玉器店

　　各大中城市的玉器店越来越多，有的是独立商店，有的是在大型超市或商场、花鸟市场。这些店铺的玉器档次一般较高，但价格也比较高昂，它主要适合送礼者光顾。资金充裕可以收藏，但不适合投资。因为它的价格可能比玉器市场和产地的价格高 1 ～ 3 倍，如作为投资，购买时就已亏损。但这里会有难得一见的玉器精品，也许别的市场难以见到。作为一个有眼光有经验的投资者，或许会购买这里贵重的玉器，这需要有眼力和胆识。

● 和田红皮子料手把件

各地的古玩店

　　90%以上的综合性古玩店都有古玉和新玉，其中新古难辨，价格不一。这里的玉器是收藏投资者值得关注的地方，不时会有真玉精品藏匿。看中的东西，可以协商价格，但要谨防赝品。

古董和收藏品市场

　　这些市场往往是假货、劣货最容易出现的地方，但真货的价格也可能是最低的。虽然卖家报价幅度大，但买家讲价的幅度也可以大，所谓"漫天要价，就地还钱"，可以从 3000 元讲到 200 元。加上市场大了东西也多而杂，甚至卖家自己也不一定明白实际价格。因此这里是有经验的收藏投资者最好的拣漏去处。

玉石艺术品和文物拍卖会

传统玉石艺术品拍卖是京、沪、穗、港大型艺术品拍卖会的重要特色专场。如京城著名的嘉德、翰海、华辰等大拍卖公司，在春拍和秋拍中都设有玉器艺术品专场，每场分别有几百上千件藏品参拍。全国各地省城和部分地方城市也有玉器拍卖会，投资者可到预展会上选择、了解藏品的质量及行情，根据自己的经济实力制定最高举牌价格和叫价策略。

拍卖会上的玉器几乎都是精品，只要价格适当，多值得收藏投资。同时，不可迷信拍卖公司的鉴定和介绍，而要自己有主见。因为一些拍卖会的拍品也有赝品。

● 糖白玉志在八方手把件（正）

国营的文物、珠宝商店

国营文物店的玉器是最有保证的，几乎都是真品，很多文物店还出具鉴定证书，因此可以放心购买。但这里的价格要比收藏市场高出许多，不适宜捡漏。不过，常去观看，还是可以发现有些优质品种价格其实并不高，值得投资。毕竟，国营的信誉有保障，里面的玉器都是精品。

但要注意的是，有些国营文物店已经以承包形式给私人经营了，这就要多一个心眼：防伪和虚价。

● 糖白玉志在八方手把件（背）

私人收藏者家里

　　有些收藏者收藏多了，急需用钱，就会转让一些玉器，在收藏者家里购买有时会有意外收获。特别是有些收藏者老了，急于为藏品找到新的归属，这也是投资者机会来临的时候。通常整体全部购买，平均每件的价格会相当低；有时是收藏者去世后，后人并没有收藏爱好，有意转让，这也是投资良机。

● 和田子料枣红皮俏色雕件

● 和田子料手串

图片由郑州中意公司提供

大型玉石玉器交流会、交易会

现在全国各大城市都经常举办全国性的收藏品交流会，其中玉器交流是重要内容。如深圳已经举办了五届全国性乃至全球性的古玩玉器交流会，吸引了中外大量收藏投资者，也为收藏投资者提供了投资机会。在这样的交流交易会上，可以看到很多平时难以看到的东西。因为规模大，玉商竞争激烈，价格也能商谈，所以，是玉石玉器收藏投资者介入的良好时机。

除此之外，通过典当店、司法机关没收赃物的拍卖收藏玉器，也是重要的投资渠道。因为典当玉器的人急于用钱，有时不高的价钱就可收得玉好工好的精品玉器；而司法机关拍卖的玉器，价格高低需藏家比较，但真伪倒可令藏家基本放心。因为受贿的玉器不乏珍品、精品，而司法机关拍卖前必须请鉴定评估机关出具相关资料，以确保拍品不假。

玉器的保养技巧

和田古玉（出土、传世）的保养技巧

古玉的保养有"三忌"、"四畏"。清人刘大同在《古玉辨》中说，"三忌"："忌油"、"忌腥"、"忌污秽"；"四畏"："畏冰"、"畏火"、"畏姜水"、"畏惊气"。"三忌"、"四畏"虽是心得，里面却有一定的科学道理，值得玩玉之人借鉴。

⊙ 忌腥

玉器与腥物接触，不但使玉器含有腥味，也会伤及玉质。人们积累多年经验发现，在沿海出土的玉器，往往没有一件是完美的。古人认为，这便是由于腥气或腥液所伤。实际上，是因为腥气或腥液中所含的化学成分进入玉器内和玉石内部的化学成分产生一定的化学反应，使玉质受损，所以古玉要避免与腥物相触。

● 白玉仿古佩

● 白玉玉牌梦江南

⊙ 忌油

忌油是指古玉应避免接触油腻、油脂，这些物质可封堵玉质的微细孔隙，使玉质中的灰土无法排出，玉器自然不会莹润，也不会透出所谓的"精光"，古人认为玉石中有排泄杂质的管道，称之"土门"。所谓"土门"即是指玉石中所具有的微细孔隙。玉器因在地下长期受水浸土蚀，微细孔隙中自然渗入土质或杂质。养护的目的便是尽量使其杂质"吐"出，便可使古玉还原。

一旦沾了油腻，解决的办法有二，一是用滚水煮一会儿，便可退油；二是将玉件放入干面粉中，吸除油脂，从而不使"土门"闭塞，而渐渐现出宝光。

日常佩戴中，古玉每天都接触人体，同样沾有人体分泌的油脂等。有两种办法可解决此问题，一谓之"温吐"，二谓之"干吐"。所谓"温吐"，即是在睡前将玉器置入温水中浸泡，早晨再取出擦干佩戴。所谓"干吐"就是前面刚提过的将玉器放入干面粉中，吸出其油腻。从而使玉质"土门"不封闭，在人体恒温及摩擦作用下，慢慢复原。一般每隔四五个月，进行一次此处理即可。

● 碧玉仿古鼎

● 碧玉瑞兽

　　其实所谓忌油根本目的就是保持玉质的微细孔隙基本清洁。

⊙ 忌污秽

　　其一，污秽会使"土门"闭塞，而使玉质中的灰土不能退出；其二，可能使玉质与污秽物产生化学反应，使玉质受损。所以忌污秽是忌油和忌腥的综合。因此玩玉之时，事先要洗净双手。

⊙ 畏火

　　古玉如果常靠近火或热源，则可能使"色浆"尽褪。所谓色浆主要是指玉质的表面光泽和透明度。古玉近火受热，尤其是高温，可导致裂纹的产生，亦可伤及玉质，从而失去光泽，降低透明度。不要说古玉，即便新玉，也是一样。此外也因为玉器多有"过蜡"，因而高温易使蜡熔化，而使表面光泽降低。这也是为什么我们常见珠宝店的玉器柜台中放着一杯水的原因。由于柜中的射灯温度较高对玉器不利，而水可调节柜中的温度和湿度，从而减少射灯对玉器的影响。其科学原因基本是高温可能使组成玉的透闪石—阳起石产生物理变化，破坏玉石结构。

⊙ 畏冰

　　玩玉之人认为，如果古玉时常近冰或被冻，则色沁就不活，没有润感，谓之"死色"。有人以为将古玉放在冰箱中冷冻，会使其"通透"

和"质坚"，实在是错误。正相反，玉质可能会产生裂纹而不可挽救。更何况色沁不但不会"活"，反而可能无论怎样"盘"也救不"活"了。究其原因是破坏了玉质（色沁）中吸附水的存在。另外，低温也会破坏玉石矿物之间的结构。

⊙ 畏姜水

有些人本以为"姜水"乃除腥除臭之物，正可除去出土古玉的土腥气或腐臭气，哪知却伤及玉质。古玉与姜水接触，往往会使已有的沁色黯淡无光。如果浸的太久，还会使玉器浑身起深浅大小不一的麻子点，极其损伤玉的品相，以后即便不断"盘玩"，也难以补救。

⊙ 畏惊气（怕跌）

是指当佩戴者受惊或不慎，将玉器跌落在地或碰撞于硬物之上，重则"粉身碎骨"，轻则产生裂纹，或即使肉眼看不见裂纹，也可能不再完好无损。因为重撞之后，玉的内部结构受到影响，即便是肉眼看不见微细的裂纹，也已成为玉器的隐患。所以玩玉者最讲究戒惊戒躁，平心静气，只有将养性修身的修炼引入玩玉之中，才算是得了其中真义。

养古玉也叫盘玉。盘法颇多，讲究也颇多。一旦盘法不当，一块美玉就会毁在自己的手上。民国时李乃宣、张承鋆《玉说》中有"说盘功之简便法"条，曰：水煮法：凡出土古玉土气深重者，即以大白罐置细茶叶于罐底，以玉系绳悬空其中。以清水文火煮之，以提沁入之土气。复将玉取出，乘热以圆密棕刷刷之。历试多次，即以新粗布时时擦之。或刷或擦，玉体因摩擦生热。水银活动流出于不觉，而土气随之以出。久久则土气脱去，色彩焕然。久挂法：水煮或于玉有伤，小器贴身久挂，亦能生润。年久则土器自脱，不脱者石也。若玉之大器，非可以挂，则需慎重煮之，毋为火所伤也。

而民国间蔡可权的《辨玉小识》则有"盘法"条，非常细致，足可效法。

出土之玉，全是灰土色裹者，如已坚硬，则以稻壳、木贼草装袋盘之。腐软者，则用人气养之，或藏于怀，或系于胸间，俟其坚硬，依照前

● 和田俏色糖白玉紫气东来山子

法再盘。

玉或无土色裹，含有各种之沁，则以竹叶或皮糠装袋盘之。

玉如出现色浆，似虾蟆皮，而地涨未全去者，则先以竹叶、木贼草袋抚摩。后以灯草袋盘之，自然细润光滑。伪旧纵盘，径无色浆，不过去滑而已。

若盘之而色不变者，则以栗炭灰或稻草灰煎水，将玉悬于罐之当中，用细火煮之。俟其稍变，则用以上之各盘法。

如质变而以枯干者，则以洋肥皂、皂荚水煮之。或用猪蹄脚中之油煮之，亦可。

如被油污，则以洋肥皂、皂荚水煮之。如不善于盘者，悬于身上常养亦好。盖玉利人气以养，久久亦变，不过其功稍缓耳。

玉或有缺凹，或有花纹，盘功不能到者，则以猪鬃硬刷刷之，或以棕老虎刷亦可（棕老虎以绍兴出者最佳……）

玉最喜洁，身悬旧玉不可经污秽之手抚弄，鼻上之油亦不可擦。犯此数者，纵盘亦属无益也。

但近几年关于古玉的书籍，多推崇刘大同《古玉辨》中的盘玉之法，其盘法分三种：

文盘，是指将一件出土玉器

● 昆仑白玉万福不断佩

白玉鉴定与选购
从新手到行家

154

放在一个小布袋里面，贴身而藏，用人体较为恒定的温度温润，一年以后再在手上摩挲盘玩，直到玉器恢复到本来面目。文盘耗时费力，往往三五年不能奏效，若是入土时间太长，盘玩时间往往十来年，甚至数十年。清代历史上曾有父子两代盘一块玉器的佳话，穷其一生盘玩一块玉器。

● 昆仑玉仿古佩

155

　　武盘，是指通过人为的力量不断盘玩，以快达到玩熟的目的。这种盘法犹如一个人走火入魔，为了让玉尽快成为熟玉，就用旧白布包裹后日夜不断地摩擦，过了一段时间再换上新白布，仍不断摩擦。玉器摩擦升温，越擦越热，高温可以将玉器中的灰土快速地逼出来，色沁不断凝结，玉的颜色也越来越鲜亮，大约一年就可以恢复玉器的原状。但此法收藏古玉者多不采用，仅玉器商人采用较多。

　　意盘，是指玩家的高境界玩法。玉玩家将玉器持于手上，一边盘玩，一边想着玉的美德，不断从玉的美德中吸取精华，养自身之气质，久而久之，达到玉人合一的高尚境界，玉器得到了养护，盘玉人的精神也得到了升华。意盘是一种极高境界，需要面壁的精神，与其说是人盘玉，不如说是玉盘人。人玉合一，精神通灵，历史上极少能够有人达到这样的精神境界，遑论浮躁的现代人了。

　　由上述可见，古玉的佩戴、把玩和养护，都是不可马虎的。前述学者的古玉盘玩之法同样也是新玉玩家要遵循的准则。

现代白玉（软玉类）的保养技巧

　　白玉是有生命的，收藏和赏玩白玉的人应像爱护孩童一样精心养护玉器。赏玩白玉有许多禁忌，需要留心，以免伤了美玉。

　　（1）避免与硬物碰撞。白玉硬度虽高，但是受碰撞后仍很容易开裂。有时虽然用肉眼看不出裂纹，其实玉内部的分子结构已受破坏，产生有暗裂纹。天长日久显露出来，会损害其完美程度和收藏价值。

　　（2）尽可能避免灰尘、油污。玉器表面若有灰尘的话，宜用软毛刷清洁；若有污垢或油渍等附于玉器表面，应以温淡的肥皂水洗刷，再用清水冲净。切忌使用化学除油剂。如果是雕刻十分精致的玉器或古玉器，灰尘长期未得到清除，可到生产玉器的专业工厂、公司请行家用专业的超声波清洗和保养。

　　（3）尽量避免汗水、化学药剂、肥皂等接触。和田子玉和古玉有一个转化的过程，需要人的体温帮助，汗液会使它更透亮，所以子玉

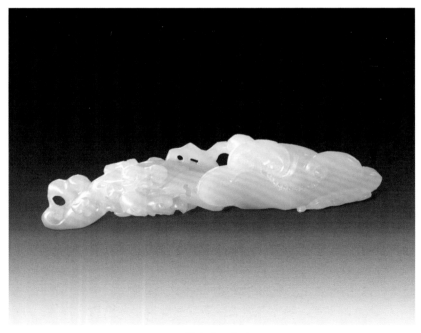

● 昆仑白玉如意

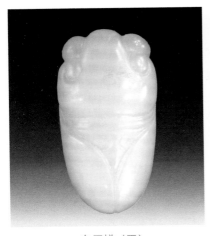

● 白玉蝉（正）　　　　　　　● 白玉蝉（背）

和古玉可与汗液多接触。因为人的汗液里含有盐分、挥发性脂肪酸及尿素等，可使子玉和古玉表面脱胎换骨，愈来愈温润。但新工白玉玉器贴着皮肉佩戴过久，接触太多的汗液，却会使外层受损，影响其原有的鲜艳度。尤其是羊脂白玉雕琢的器物，更忌汗和油脂。很多人以为和田白玉愈多接触人体愈好，其实这是一种误解。和田白玉和其他白玉若过多接触汗液，因为脂肪酸、尿素和盐分慢慢改变洁白的玉表层，玉件就容易变成淡黄色，不再纯白如脂。因此，白玉的佩件在经常佩戴后，一定要用干净的柔软白布擦拭干净后保存。

（4）白玉佩挂件不用时要放妥。最好是放进首饰袋或首饰盒内，以免擦伤或碰损。如果是高档的白玉首饰，切勿放置在柜面上，以免积尘落灰，影响亮度。

（5）佩戴白玉挂件要用清洁、柔软的纯棉细白布抹拭，不宜使用染色布或纤维质硬的布料。镶有钻石、红蓝宝、祖母绿等宝石的白玉首饰，也只宜用干净的白布擦拭，将油脂、尘埃、杂质、湿气或汗液抹掉，这样有助保养和维持原质。

（6）白玉所处的环境要保持适宜的湿度。白玉质地要靠一定的湿度来维持。虽然肉眼难以看到，但白玉玉体上布满毛孔，那是生

● 昆仑玉瑞兽

命呼吸的通道，里面存有天然水，若周围环境长期不保持一定的湿度，里面的天然水就会慢慢蒸发。缺湿度和亮度后会失去或降低其收藏的艺术价值和经济价值。在柜台或陈列架摆放白玉类玉器时，玉件边上要放置清水一杯，以缓缓补充玉件的湿度，使其保持润泽的特性。

（7）白玉玉器不要在阳光下长期直射。因为玉器受阳光长期暴晒会使内部分子结构膨胀，体积增大，或失去、减少玉体保持温润而需要的水分而影响玉质。白玉玉器更忌热源或在人工环境高温下存放。如需强光灯照射，一定要减少时间并补充水分；如佩戴者确需在高温热源下工作，应事先把白玉件摘下妥善收藏。

玉器的修复工艺

玉器在佩戴、保养、收藏、展示、运输的过程中难免碰撞损伤，如不慎出现上述情况，就需要对玉器进行修复。历代玉雕艺人在收藏玉器中形成了比较完整的修复方法。现将几种常用的修复方法介绍如下：

重新修整

以掩饰、弥补玉器破损为前提的重新创作。这种方法有"去高补低"、"去肥补瘦"、"以坏补坏"、"以破补破"等绝技。在当今玉雕业应用很广。

金玉镶嵌

这是一种传统工艺，被巧妙地运用到玉器的修复，例如白玉手镯，原本是光洁润圆的整体，只有被撞碰折断才会出现圆环上这一段金箍。有些损伤的白玉饰品经过镶嵌，甚至可以达到不露一丝缺陷，更加完美精致的程度。

断合黏合

操作过程是：先将裂面清洗干净，再用高效黏合剂均匀地涂于其上，然后细心地对准原来的部位，用力黏合，挤出裂口的黏

● 修复专用的黏合剂等

合剂，再用丙酮擦除。黏合剂凝固的过程中，最好用胶带固定，或以重物压住，以免错位。

和田青白玉痕都斯坦式瓶

缺处添补

方法有二：一是填补。一般都用合成树脂掺滑石粉，涂于缺失部位，以雕刻方式修饰。为了使修补部位的颜色与其周围玉器的颜色相一致，先要用修复玉器的同种、同色原材料研磨成粉末，如青玉、碧玉、青白玉等；也有用相同颜色的颜料调于填料中，然后再填补。二是新补，其方法是重新制造一个与玉器残缺部位一样的"零件"。用合成树脂、滑石粉补剂或者科学的替代剂，翻模铸出或用高温吹氧衔接的办法，衔接到缺失的部位。

一分为二

有些玉器碰坏后，雕刻师总是根据其破损情况，剖析它原来的造型，经过构思，然后在原件基础上巧妙分割，一分为二，把原来的雕件分成两个或两个以上相互独立和关联的小件。这样的修复，因为一般不作大的舍弃，所以养活或弥补了原来的损失。修复后的玉器价值，有时不逊于原件。

玉器修复过程中，多数会用到黏合剂。为确保玉器修复后的时效和质量，黏合剂必须达到如下要求：(1)黏合剂的折射率应和宝玉石的折射率相接近；(2)透明度好，清洁度高，颜色和宝玉石相同或相近；(3)黏合剂固化时收缩系数或热膨胀系数小，固化后没有残余应力；(4)为防止修复后出现脱落遗失可能给佩戴、收藏者带来损失，黏合后一定要有很高的机械强度和适宜的韧性；(5)白玉具有收藏属性，可能代代相传，所以要求黏结层化学性质稳定，长期存放不变质、不变色，不产生"色散"和"析晶"现象；(6)粘接方便，对人体无害。

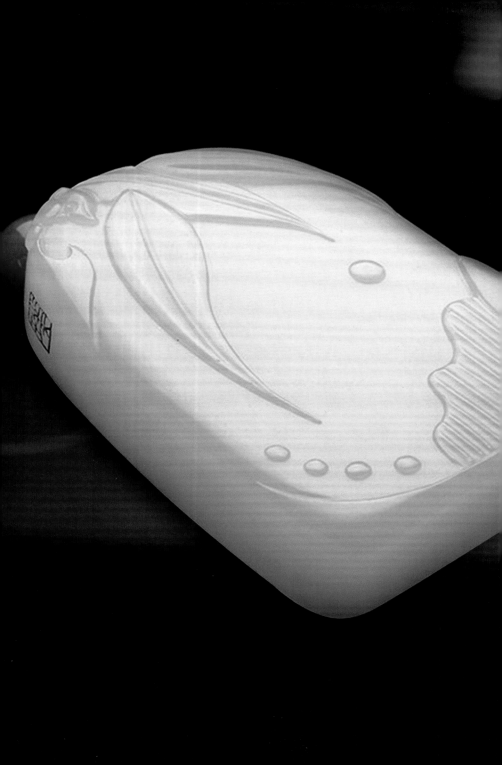

专家答疑

新疆和田白玉的主要特性是什么？

和田玉的特性是指和田玉的硬度、比重、解理、断口、脆性、韧性、块度、颜色、色泽、折射率、透明度、晶体结构和天然内含物等各个方面的情状。

⊙ **硬度**

硬度是和田玉的基本性质之一。硬度指的是抗磨损能力，也就是抵抗某种外来机械作用，特别是刻划作用的能力。每种软玉的硬度都能用摩氏硬度表来测试和分类。摩氏硬度标准由奥地利矿物学家摩斯于18世纪初叶提出，它由下列10种矿物组成，硬度从小到大为10级。即：滑石—石膏—方解石—萤石—磷灰石—长石—石英—黄玉—刚玉—金刚石。这一排列顺序是擦痕度顺序。日常生活中的擦痕度如下：人指甲硬度为2.5级；铜币硬度为3级；玻璃硬度为5.5级；小钢刀硬度为5.5级；钢锉硬度为6.5级；碳化硅硬度为9.5级。和田玉的硬

● 白玉炉

度在 6.5 ~ 6.9 级之间。由于所含杂质成分和数量的不同，各和田玉品种之间的硬度并不相同。和田白玉的硬度在 6.6 ~ 6.7 级之间；和田羊脂白玉的硬度在 6.5 ~ 6.6 级之间；和田青玉与和田碧玉的硬度在 6.6 ~ 6.9 级之间。

⊙ 比重

比重也称相对密度，是指物体所受重力与其体积之比，常用单位为克／米³。比重也指物体的质量与同体积水的质量之比。

和田玉的比重在 2.66 ~ 3.1 之间；和田墨玉因含有质量较轻的石墨鳞片，所以它的比重只有 2.66；和田白玉的比重在 2.90 ~ 2.93 之间；和田青玉的比重接近 3；玛纳斯碧玉的比重在 3 ~ 3.3 之间。

● 和田黄玉福在眼前牌

⊙ 解理与断口

和田玉可能以两种方式破裂，一种称解理破裂，一种称断口破裂。解理和断口是两种不同的破裂方式。人们常把容易裂开的纹理称为解理面。解理面一般是沿着原子键结力较弱的平面。几乎完整平滑的解理面称完全的解理；并非完全平滑，但解理面清晰可见的称明显的解理；解理方向模糊不清的称不明显解理。

断口：是指和田玉沿着与内部原子结构无关的表面破裂。断口的名称有：贝壳状断口，与蚌壳面极为相似的断口；锯齿状断口，断面呈锯齿状；多片状断口，断面较为平坦，呈多层片状；参差状断口，断开面参差不齐。

⊙ 韧性与脆性

韧，柔韧而坚固。词典中韧性的定义就是坚固性。所谓和田玉的韧性，就是和田玉抗击、抗压、抗扭、抗割的能力。韧性的大小取决于分子结构的形式和键结力。韧性包含脆性和柔性等内容。脆性越大，抗击抗压能力越小。和田玉的毛毡状结构形成的脆性很小，形成的柔性却很大。柔性是指受到外力切割时不易碎裂的程度。所以和田玉有较高的韧性。世界矿业界常以黑金刚石的韧度作为韧度标准的参照量。黑金刚石的韧度为 100%；和田玉的韧度约为黑金刚石的 90%；翡翠的韧度约为黑金刚石的 80%；水晶的韧度约为黑金刚石的 70%；萤石的韧度约为黑金刚石的 20%。翡翠的硬度超过和田玉，但它的分子结构为柱状和粒状的交织，比起和田玉来有较大的脆性，所以韧度低于和田玉。从这里可以看出，硬度大不一定就是韧度高。

有资料称：透闪石每平方厘米的抗压强度超过 8000 千克。

⊙ 光泽与透明度

透明度：

透明度是指物质透过光线的程度。根据透光程度，矿物的透明度大致分为三级：透明、半透明、不透明。透明度与矿物的分子结构、颗料大小及所含杂质有关。可以用下面的简易方法大致测定透明度：用 0.1 厘米厚的矿物片，在白炽灯或太阳下观察报纸黑体字，凡能清晰观察到字体，但不能分清笔画者，即为半透明矿物；凡不能观察到字体者，即为不透明矿物。和田羊脂白玉属半透明或微透明矿物。

光泽：

光泽是指矿物表面对可见光反射的表现。光泽是由光在矿物表面反射而引起的，与矿物的折光率、吸收系数、反射率有关。不同的矿物有不同的光泽，相同的矿物由于加工程度不同也会呈现不同的光泽。

按反光能力的强弱，矿物的光泽可区分为金属光泽、半金属光泽和非金属光泽三大类。金属光泽反光极强，如同平滑表面所呈现的光泽，大多数贵金属都具有这种光泽。非金属光泽包括金刚光泽、玻璃光泽、油脂光泽、树脂光泽、蜡状光泽和丝质光泽等。光泽也与表面抛光度有关。抛光度越高，反射光也越强。

人们常把灼光称为"发亮的光泽"，把灿光称为"耀眼的光泽"，把弱光称为"暗淡的光泽"，把微光称为"土状的光泽"。抛光度的高低，经常受反光面的光洁程度制约。和田玉的光泽，大多数属于油脂光泽。

● 和田玉龙凤双联瓶

● 青白玉小山子童子戏弥勒

⊙ 折射率

折射率是表示在两种介质中光速比值的物理量。当一束光与和田玉相遇时，有些光被反射，有些光则进入和田玉组织结构。因为和田玉的光学密度有别于空气的光学密度，光在和田玉中的速度发生变化并改变原来的线路而发生折射。

折射率是检验真假和田玉的一个重要参数。鉴定折射率一般用浸油法，即将和田玉放入浸油中，观察它轮廓的清晰程度。如果浸油折射率与和田玉相近，则几乎无法看清和田玉的轮廓；如果相差太大，则和田玉边缘会有较清晰的亮色轮廓。常用浸油折射率如下：水，1.34；甘油，1.46；橄榄油，1.47；苯，1.5；桂皮油，1.62；一碘萘，1.70。和田玉的折射率为 1.606 ～ 1.632。

但浸油法需在实验室进行，在矿山、市场采购白玉时多不具备条件。业者一般在现场凭经验用眼睛观察法测试。

⊙ 天然内含物

　　和田玉的杂质又称天然内含物或包裹体，是一种内部特征。杂质或包裹体的形成有两种：一种是包裹于晶体成长时间，另一种是基质材料成长后充填于解理、裂绺及断口之中。

　　固体内含物一般形成于基质岩以前，基质岩结晶在其周围生长并包裹它们。

　　白玉的包裹体主要是石质，除此外还表现为质地不均匀等。

　　石有死石和活石之分。死石即表现在局部或呈带状，一般是包裹形成，业内称玉抱石、石抱玉的就是指死石包裹体。能用机械方法分割出好玉。活石是玉上面的界线不清的散点。一般是填充形成的，它充塞于解理、裂绺、断口之中，星星点点，片片斑斑，丝丝线线，所谓石钉、石花、石线、米星点、萝卜纹、棉絮纹、饭糁儿、水露子、骨骨叟、芦花等，就是活石在玉质中存在的形态。

　　杂质或包裹体小于总体8%的，业内称"小花"；杂质或包裹体大于总体8%，小于30%的，业内称"中花"；杂质或包裹体大于总体30%，小于50%的，业内称"大花"。"花"越大，则玉的"石性"越大。

　　长在硬面或堵头的死石，只局限于该处，不侵入内部。而长在硬面或堵头上的活石，可侵入内部，在玉的切面上呈现，很容易辨别。活石侵入内部又称串石，有如下表现：

石钉	呈圆钉点状。
石花	不规则如花样点状。
米星点和饭糁儿	小碎点如米粒、饭粒撒在玉面上。
质地不均有水露子	水露子在玉面上反映如蛋青或白色，常呈细脉状。
骨骨叟	圆点或小线状坑点。
芦花	如芦花色状斑。
盐粒性	稍闪亮光呈盐粒晶面状。
蛤蜊性	外皮有如闪亮光的蚌壳，其内部大部亦呈现蚌壳的亮光，此种毛病常见于山料。

和田白玉的质量评价标准有哪些方面？

⊙ 质地

质地的好坏是评价白玉质量最为重要的因素。质地细腻、温润是玉必须具备的基本条件，也是区分玉与石的主要依据。白玉的质地在玉石行业中习惯以坑、形、皮、性来判断。坑、形、皮、性虽然是感观经验，但它反映了人们对玉认识的深化。

坑

坑指白玉的具体产地。软玉虽然主要产自新疆，但因具体产地（坑口）的不同，软玉的质量也不同，外表特征也不一样。著名的坑口有戚家坑（所产软玉色白而质润）、杨家坑（所产软玉外带栗子皮色内部色白质润）、富家坑等。人们经长年使用，能够从外表特征感观玉的产地和质量，后来习惯以产地作为玉质优劣的代称。如行话"坑子好"，就意味着白玉质地好。

形

形指白玉的外形。由于白玉具有不同的产状类型，它们所产出的白玉外形也不同。山料、山流水料、戈壁滩料、子料各具特色（见前述）。

● 白玉仿古摆件凤尊

山料玉质量出入很大，山流水料、戈壁滩料、子料受风吹、日晒、水浸等影响，玉质较纯净，多是好玉。尤其子玉特别是羊脂子玉的润美，其他玉种不可比。

皮

皮指白玉的外表特征。玉本无皮，外皮指玉的表面。玉的表面有一定特征，能反映出玉的内在质量。好质量的白玉应该是皮如玉，即皮好内部玉质就好，皮不好里面玉质也不好。

● 白玉蕉叶炉

性

性指白玉的内部结构。即组成软玉的微小矿物晶体的颗粒大小、晶体形态以及它们的排列组合方式，表现为不同的性质，称为"性"。玉的结晶形状排列可表现为顶性、卧性、硬性、软性、拧性、斜性、鸡爪性、鸡皮性、片性、爆性、干性、冻性、糖性等情况。类如冻性、糖性、干性等还有杂质的掺入原因。阴性和阳性是玉的生长特点。愈是好玉，愈没有性的表现，玉性实际上是玉的缺点，好的子玉无性的表现。

⊙ 裂纹

裂纹的存在对白玉的耐久性有着很大的影响，有裂纹的白玉其价值将大大降低。对于优质白玉更是如此。

⊙ 洁净度

洁净度是指白玉内部含有瑕疵的多少。由于白玉为多晶质集合体，同一块玉石中颗粒的粗细会有所不同，

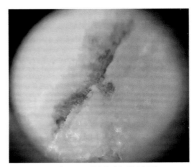

● 和田子料上简单的裂

颗粒大小的不均匀分布，可以造成白玉质地的不均匀，形成瑕疵。这

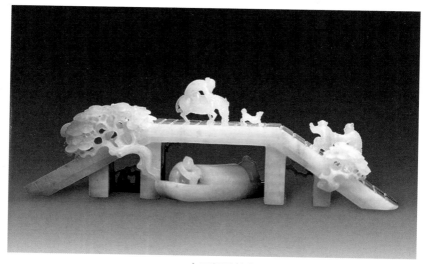

● 白玉桥形笔山

部分瑕疵主要包括石钉、石花、米星点等。在一块玉石中，玉质的分布往往是不均匀的，在玉石行业中通常称玉质好的部分为阳面，玉质差的部分为阴面。玉石的这种阴阳面之分，实际上反映玉石在形成过程中围岩对它的影响，这种现象在山料和山流水中表现较为明显，在子玉中表现不明显。因此在评价白玉的洁净度时还应注意这一特点。

⊙ **体积（块度）**

体积（块度）是指白玉的大小或重量。一般情况下，在颜色、质地、裂纹、洁净度相同的条件下，白玉的体积（块度）越大，价值也就越高。虽然白玉不是以重量为确定其价值的主要标志，但是在同等质量条件下，重量还是具有一定的影响的。这一点在白玉的质量分级中很明显。

总之，对白玉的质量及价值进行评价，首先需从上述四个方面进行观察，确定白玉的质量，然后再结合设计创意和加工水平进行综合评价。优质的白玉应满足质地细腻、温润，颜色均匀、明亮，玉石洁净且没有裂纹等条件。

白玉的配饰有哪些？

作为一件优美工艺品的玉器，由主体和配饰两部分组成。配饰包括玉器的镶嵌、底座、包装盒（箱）等内容，这些配饰不仅能把玉器最美的意蕴凸现出来，而且因为艺术的再创作，使配饰成为整件工艺品焕发光彩的重要组成部分。

⊙ 玉器镶嵌的点睛美

黄金白银在玉器制作中的镶嵌等运用，是工艺品行业对器物装饰的一种重要手段，是玉文化艺术多样性的集中表现。因为有黄金、白银的陪衬和烘托，玉雕工艺品愈加显得雍容华贵、高尚典雅，艺术价值和文化价值也得到了进一步的升华。

黄金、白银作为和田玉的配饰始自汉代，真正广泛应用从唐代开始，至清朝得到了繁荣和发展。翡翠传入我国后，黄金白银的镶嵌又应用到翡翠工艺品中。其表现手法有镶金、描金、鎏金、贴金、戗金、金银错等若干种方法，每种表现手法和加工工艺又各具特点。喜爱金镶玉工艺作品的玩家藏友，应对其有一个正确认识和了解。

1. 镶金：镶金工艺是用焊接、浇铸、模压、錾花等工艺制作纹饰图案，用爪齿、包边等技法固定所镶物体（玉石）。被镶物体（玉石）突出于所镶载体，起到表面的装饰作用。而小件玉挂件、玉牌等饰物，金饰图案则包裹在其外，以玉为主，以金为陪衬，烘托玉质之美。金镶玉是花丝镶嵌工艺的一种表现技法，主要突出一个"镶"字，以镶为主，经过黄金镶嵌的白玉翡翠饰物，美感更加突出。

2. 描金：描金工艺应用十分广泛，在玉器、瓷器、漆器、竹木器、家具、屏风、雕塑等器物中均有表现，是工艺品行业中常用的装饰手法。描金工艺是将黄金研成极细的粉末，再用黏合剂调成糊状，然后用毛笔蘸上在物体表面描绘，其图案多种多样，精美绝伦、高贵华丽。描金工艺有以金代墨之作用，作者可在被装饰器物上充分发挥绘画之才能、书法之特长。

3. 贴金：贴金是将高纯度黄金经过千锤百炼敲打制成厚度仅 0.01

毫米的金箔，贴在白玉上。在贵金属中，黄金的延伸性极强，1克黄金大约能制成6厘米 × 8厘米金箔90～100张。因金箔极薄，所以附着力也非常强，很适合表面装饰。贴金工艺使用普遍，操作简单，先将装饰物表面处理干净，涂抹一层黏合剂，待黏合剂快干时，将金箔用竹钳子夹起贴在有黏合性的被装饰物表面，轻刷一遍即成。贴金工艺一般用于织物、皮革、纸张、玉石、各种器物以及建筑物表面装饰，大型铜造像、大型壁画等方面也有应用。

4. 戗金：也称"填金"。戗金在工艺品行业中应用十分广泛，在牌匾、漆器、屏风、家具等器物中应用普遍。戗金是在所雕刻图案的凹底上平涂金彩或填金片、贴金箔，使图案显露金色纹饰，增加了被装饰物的高贵典雅。有些牌匾在凹底上大面积填金，使图案显得更加突出。也使整体牌匾显得金碧辉煌。

5. 错金：错金又称"镂金"或"镂银"，是春秋时期发展起来的金属细工装饰技法之一。其制作方法是将青铜器表面绘出纹饰图案后，依纹样錾出槽沟，用金、银或其他金属丝、片嵌入青铜器表面沟槽内，形成金、银纹饰或文字，然后用错石（即磨石）错平磨光，使金丝与青铜器表面自然平滑、光彩照人。在一件器物上同时嵌入金、银纹饰也称为"金银错"。清代后，金银错工艺在玉器、木器、漆器等各种工艺品中广泛应用并得到深入发展，特别是在玉器行业内尤为突出。

6. 其他方法：除广泛用于玉器行业的四种镶嵌手法外，尚有鎏金等工艺，因玉器行很少使用，不再仔细介绍了。

⊙ 玉器底座、底衬的陪衬美

玉器底座的陪衬美

玉座艺术是和玉器这个主体高度统一的艺术。玉座具有托稳玉器、提升品位和强化观赏效果的作用。玉器底座涉及美术、设计、绘画、木雕、油漆的基本常识和技术，属于专业性很强的工艺美术范畴。

木座是为艺术品配置的，因而自身用材也十分讲究，多为硬木制成，常见的是紫檀和红木。也有银杏木、梨木、枣木及其他色木等。木座的造型与主体玉器一样，造型千姿百态，品类繁多。长形、方形、圆形、

● 白玉松韵山子

三角形，随形尽显风姿。若以木座所托器物的底足来分，常见的有三足器座，圆（圈）足器座，随形器座等。三足器座顾名思义，即为三足器物，如香炉等所配置的托座，多呈三角形，也有圆形。圆（圈）足器座，其座面要安放圆足玉器，故托座的面多为圆形，面的边缘起高栏水，以围住所托器物的底足。圆足器座小型的多为三足，稍大点的多为五足。随形器座随当时玉器器型的变化而设计形状。因为玉器造型的变化繁多，随形木器座的形状也多姿多彩。

木座的制作工艺颇为讲究，一般多为清水座。抹漆或刷蜡不着色，仍然保持硬木的色泽、材质和纹理的天然美。木座的制作工艺与大件家具的制作工艺基本相同，主要构件采用卯榫结构。但木座较大件家具更多地使用鳔胶或其他化学品粘连。同样，木座亦设束腰牙板、装饰三弯腿等。装饰工艺有浮雕、透雕、镂空雕花，镂空结合起地雕花，镂空结合嵌金银丝纹饰，镂空与嵌象耳、嵌骨、嵌贝壳、嵌黄杨木花纹等。

木座的装饰题材十分广泛，有云纹、花卉纹、灵芝纹、蝙蝠纹、松竹纹、

● 和田红皮子料嫦娥奔月摆件

和田红皮子料嫦娥奔月摆件的底座设计成嶙峋的山崖，上面一棵参天古树幻化成灵芝状缭绕的祥云，神龙腾云驾雾，向大地吐出吉祥的甘霖，天上人间紧密相连。这样的底座虚实呼应，与嫦娥奔月的主题十分吻合，为作品增色添辉。

梅兰竹菊等传统寓意图案，为珍贵的工艺品锦上添花。

玉器底座不管用什么材料，关键是要把握好三个要点，即协调美、造型美和雕饰美。这也是欣赏玉器底座之美的重点。

玉器底衬的衬托美

玉器陈列和保管都离不开衬托。颜色对路、质量上乘的衬托，能烘托玉器的色泽和工艺之美。反之，玉器的美感和商品价值则会大打折扣。

玉器的衬托不管是陈列展示，或是囊匣内的装饰，最好选择丝绸。选用丝绸的颜色要根据陈列、嵌装的玉器颜色决定。丝绸的主要作用有两点：一是对嵌装（展示）的宝玉石起颜色衬托作用，这是关键一点；二是起遮盖和圈定棉花的作用。

根据珠宝行的经验和消费者的心理，珠宝玉器囊匣（盒）面料中丝绸、平绒和金丝绒较受欢迎。丝绸以白色为主调，易与囊匣（盒）的外表颜色协调，古朴端庄。绒布则以红色、黑色、粉红色、绿色使用较多。使用金丝绒或平绒做内囊（底衬）有雍容华贵之感。但是选择什么颜色的丝绸或绒布要根据展示（保养）的玉质颜色决定。如白色的底衬易于衬托翡翠的种、水和颜色，使玉器观感更具灵气；和田玉等白色软玉则适宜黑色、红色的底衬。如使用银白色的丝绸做衬托，反而使白玉观感降低。

在增强玉器观感度的前提下，厂家制作珠宝玉器囊

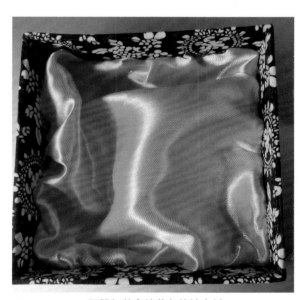

● 玉器包装盒的黄色仿绫内衬

（匣）盒时内衬尽量选用不同颜色的金丝绒，特别是木质的硬囊匣。这是因为硬囊匣在受到撞击时，里面的物品比起软嵌囊匣更容易破损。而使用金丝绒后由于长绒的缓冲作用，可以较好地保护匣内的珠宝玉器，不致损坏。

⊙ 玉器包装的外形美

　　玉器的包装保管离不开囊匣，它是祖国传统工艺品的一个组成部分，也是我国最早的传统工艺品。春秋战国时期，已有用楠木、红木等木材制作囊匣的记载。硬木制作囊匣的好处是既坚固，又可防蛀，熏以桂、椒等香料，使其香气袭人，增加了它的魅力，体现了玉器的珍奇和高贵。

　　目前国内珠宝界广泛使用的包装除批量制作的珠宝盒袋外，玉器包装主要使用红木等硬木和用古锦、绫、棉花制作的纸板囊匣，胶合板抛光后喷涂油漆的仿红木囊匣，一般杂木或胶合板与棉布、仿绫纸结合制成的包装箱盒等。后三种包装不仅使囊匣的成本大幅降低，而且弥补了木材的不足，符合环保理念，这无疑是玉器包装业对低碳经济的贡献。由于采用了各色花纸、棉布、仿古锦（宋锦）以至高档的绫锻制作囊匣或大型保管箱的表面，以素色纸张、棉布和绸锻作内嵌，使美丽的玉器增加了欣赏和收藏价值。适宜玩家用于馈赠亲友，业务往来。既提升了档次，又很体面。

● 原色清水漆木质蓝印花布玉器包装盒，具有鲜明的中国风民族风格。

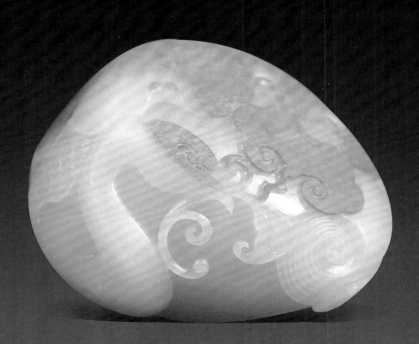

和田子料白玉我如意

白玉缺点的相关术语有哪些？

人眼观察玉的质地有如下现象，都是缺点，也是鉴别玉材优劣的关键。

阴：即在玉的一部分或全部呈现阴暗的感觉。

灵：如煮过的荸荠。

油：非凝脂的油性感觉。

嫩：透明度大但不灵，有娇嫩的感觉。

瑕：玉有斑点或疵病。

灰：色不正。

干或僵：不透澈、不润泽。

瓷：如瓷一样干白。

松：结构不紧凑。

面：质松。

暴：在制作中易起鳞片。

● 昆仑烟灰、青白、翠绿三色玉飞黄腾达摆件

此俏色摆件构思精巧，雕工精湛，但玉料微瑕，烟灰玉与白玉伴生，白玉颜色发灰。

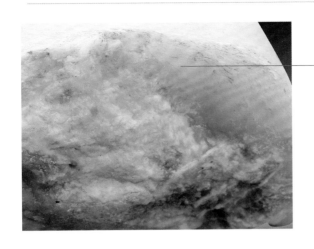

和田（青海三岔河）青白玉山料原石，这块玉透明度大但不灵，有娇嫩的感觉。

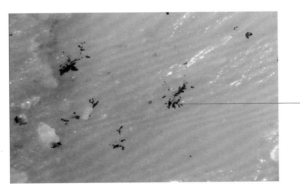

和田白玉（且末料）上的黑色沁染斑点。玉石行称其为"脏"。

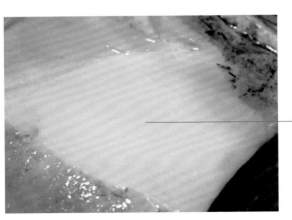

因含有稀土成分，其白色瓷感强烈。

白玉绺裂的相关术语有哪些？

丝和缕的组合称"绺"。裂，即裂璺、分裂。绺和裂在和田玉的术语中都指裂缝，即大小不同的裂缝。

和田玉的绺裂是由地质作用和非地质作用产生的。作用力越大，裂缝也越大。由地壳运动产生的裂隙称构造裂；由风化作用产生的裂隙称风化裂；由火成岩冷凝过程及沉积物固化成岩过程中产生的裂隙称原生裂；由内部引力引成的裂隙称引力裂；由温差剧变而产生的裂隙称冷裂；由碰撞而出现的内部微坼称惊裂，如爆破、机械采挖玉石、搬运玉石的震动、崩落、滚坡等。

根据裂隙的长短、深浅和图案，人们把它们称为纹线、水线、牛毛线、断裂纹、破碎纹等。这些裂隙和纹线业内把它们称为绺。

工艺上的绺分为死绺裂和活绺裂。死绺裂指明显的绺裂，它的粗细、长短、深浅都不同，有碰头绺、抱洼绺、胎绺和碎绺等。活绺裂是细小的绺裂，有指甲缝、火伤性、

● 糖白玉上的绺裂

● 这块子料身上的伤痕特别多

细牛毛性和星散鳞片性。实践证明，毛病长在堵头和硬面上容易进去，长在软面上不易进去。

碰头绺：长而深的称"碰头绺"，指在堵头和软面呈现出的绺。绝大多数能侵入内部。

抱洼绺：边沿浅中间深的称"抱洼绺"。常出现在软面，边缘部分浅，中间深入。而在近有毛病软面的堵头、硬面若干片状层上也有所显示，则毛病仅在较浅的内部里存在，不致延及大部。

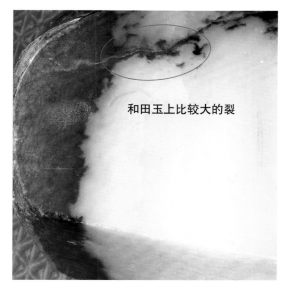

和田玉上比较大的裂

● 和田（俄罗斯料）白玉山料上的裂

183

胎绺：玉石内部的绺称"胎绺"，又名窝心绺。指在玉的内部出现的绺。

碎绺：各种可见绺裂。

活绺裂：指细小的绺裂，有各种各样。有指甲缝：如指甲插出来的形状绺，月牙形，点迹，布于表面上，侵入内部者不多；火伤性：表皮甚至内部呈现鱼鳞片状绺；细牛毛性和星散鳞片性：多呈方向一致的细微解理状，隐约可见。

工艺上对玉绺裂的处理：一是挖绺。一般说死绺好去，活绺难除；二是遮绺。无法去掉的绺对产品影响太大，可用掩遮处理。如作人物产品时，可用衣纹遮挡裂纹。

8 大仿古玉器分别是什么？

(1) 老玉老工：即玉老工也老。起码在 100 年前已经完成，完成以后的各年代均未再加以人工修改、染色。

(2) 老玉老仿：如在宋、明、清时代，即有玉匠把一块玉雕琢成商代玉器。以当时人标准，这件玉为"新玉仿古"。如果这件仿古玉又被染色假冒沁色，企图以古玉出售，那么这件玉即为"新玉仿古"。但以现代眼光看，前者为"老玉老仿"，后者为"老玉伪古"。

(3) 老玉老改。如宋代的时候把汉朝的老玉老工的玉器修改过了，当时是老玉新改。现在看来，因为同是老的时代，应称为"老玉老改"。

(4) 老玉新改。将老的玉器在现代加以修改，业者称之为"老玉新改"。

(5) 老玉新工。一件老的玉料放上千百年，到现代才把它雕琢成玉器，应称之为"老玉新雕"或"老玉新工"。

(6) 新玉仿古。参照图样，把一件新玉雕成古代的器型、纹饰以充古玉，这件玉器就应该称之为"新玉仿古"。

(7) 新玉伪古。雕琢一件仿古的新玉器，然后加以人工腐蚀、染色，假冒古玉出售牟取暴利，行内称之为"新玉伪古"。事实上目前市场上假冒的古玉多属此类。

(8) 老玉新孔。如老玉并无孔洞可穿绳佩戴，后人或现代人为便于佩戴而在上端打孔穿绳，一般称之为"老玉新孔"或"后打孔"、"新打孔"。也可称为老玉新改或老玉新工。这种情况，可以认为破坏了老玉的整体形象，严重影响它的价值。但也可以认为虽然打孔影响了原工原件的完整性，但并未影响到原件玉质、沁色、造型、雕工、年代等整体观感，同时还增加了实用性和市场性，应该增加了其价值。怎样评估老玉新孔问题，应由藏家自行斟酌。

● 老玉老工·明代童子

附录一

白玉交易的常备工具

　　白玉交易的前提是货物的真伪，而确定货物真伪的主要手段就是鉴定。鉴定除人的经验、眼光外，主要依靠仪器和工具。

　　白玉的鉴定一般可以分为原石和成品两大类鉴定。

　　对于原石的鉴定，又可以分为野外鉴定和室内鉴定。野外鉴定多数采用高倍放大镜、强光手电筒和小刀等简单工具，用以初步对玉石矿物进行定名。室内鉴定主要是利用各种手段和仪器，进一步测定玉石矿物的数据，为鉴别玉石提供重要依据。

　　对于白玉成品的鉴定，必须是在不破坏白玉完整性的前提下。目前常用的、易于掌握的白玉鉴定仪器有以下几种：

　　（1）笔式聚光手电：用来观察浓色玉石的透明度。聚光手电的电珠应凹于笔头面，不能凸出笔头面，否则不便于观察。在检测玉石时，还应准备强光手电筒，以备料形大的原料和玉器观察时使用。

　　（2）放大镜：是玉石放大观察的仪器之一。最常用的是 10 倍放大镜，还有 20、30 倍的多种。放大镜是玉石专家的关键工具和必备之物，便于携带。可用它来鉴定玉石的品种和真伪。用放大镜可以观察：(1) 玉石的表面损伤、划痕、缺陷；(2) 琢型质量；(3) 抛光的质量；(4) 玉石内部的缺陷、包裹体；(5) 颜色的分布和生长线等。鉴定时，应将玉石置于离 10 倍放大镜约 2.5 厘米的强光之下，慢慢调节距离，直到看清楚为止。选择放大镜的质量也很重要，质量差者在放大时将产生图形畸变。

　　（3）宝石显微镜：宝玉石放大观察的一种重要的仪器。它能够检测 10 倍放大镜不能清晰地确认或观测到的宝玉石外部和内部特征。宝石显微镜可以观察宝玉石内部的包裹体、解理、双晶纹、生长线、色带；观察宝玉石的磨工、抛光度和意外损伤；鉴别拼合宝玉石二层石、三层石。宝石显微镜的结构合理，辅助设备齐全，放大倍数可变幅度较大，一般是 10 至 70 倍。宝石显微镜有两种光源，一般用底灯观察宝玉石的内部缺陷，如包裹体、裂隙等；用反射灯观察宝玉石的表面特征，如断口、色带、解理面等。宝石显微镜是精密仪器，要严格按操作规则使用。

（4）偏光器：是根据使平面偏振光垂直相交、光线通不过的原理制造的一种简单的光学仪器。偏振器是由两个震动方向垂直的偏光片、支架和底部照明灯组成。用以检测宝玉石的光性（是均质体还是非均质体）和多色性。在打开照明灯的偏光器中，转动观察宝玉石样品的明暗变化情况。(1) 如果样品明亮，没有明暗变化，可能是隐晶质或微晶集合体，如玉髓、翡翠等。(2) 如果样品全黑，没有明暗变化，将样品变换一个角度继续观察，如果仍然无明暗变化，样品属均质体。属均质体的宝玉石有等轴晶系和非晶质宝玉石。(3) 如果转动宝玉石360°时，宝玉石样品发生四次明暗变化，这表明样品为非均质体。属非均质体的宝玉石有四方、六方、三方、斜方、单斜、三斜晶系中的宝玉石。(4) 如果样品在正交偏光下转动时，可看到灰暗的蛇纹状、网格状或不规则的现象，则可能是均质体宝玉石所呈现的异常干涉色，此时应十分注意。利用偏光器，还可以检测宝玉石的多色性，能够验证宝玉石的非均质性和均质性。

（5）宝玉石的其他鉴定工具：常用的宝玉石鉴定仪器还有吸收光谱摄谱仪、荧光灯、X 射线衍射仪、电子探针等。

此外，玉石交易应必备软尺、卷尺、卡尺、简易手镯卡纸等，以备测量玉料、玉器的内外形尺寸，及手镯内外径尺寸时用。

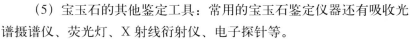

附录二

中国部分软玉矿地质特征简表

产地名称	地质特征	玉石质量	开采情况
新疆玛纳斯县黄台子	矿化带在花力西期超基性岩体上盘。矿体产于捕虏体中贯入的蛇纹岩岩枝或接触带上，长数米至十余米，宽数十厘米至一米余，延深1～5米	碧玉，多为一级至三级	开采较盛
四川省汶川县龙溪乡	产于志留系碳酸盐岩中，中厚层状透闪石化大理岩中央软玉多层。矿化带长98米，厚5米。矿体长0.2～1米，厚一般0.1～0.2米，个别1.25米	为绿色，还有黄及黄绿色，多裂纹	曾开采
四川省石棉县	蛇纹岩中有酸性岩脉贯入，软玉产于接触带上	绿色碧玉	开采石棉时顺便同采
江西省兴国县昌龙乡	在震旦纪地层下部层位中，有二层矿，平均厚1米	浅灰色，灰白色杂有玉髓等	
辽宁省岫岩县北瓦沟	在元古界大理岩与花岗岩的接触带上，主要为蛇纹石质岫岩玉，有少量透闪石玉	浅绿白色及黄绿色	开采岫玉时顺便开采
青海省祁连县转刺沟	产于超基性岩中，呈扁豆状、透镜状，一般块度仅几十厘米，大者4米×2米	白软玉，主要由透闪石组成，其次有方解石。墨绿色玉由淡斜绿泥石组成	已利用
青海省东都兰县玉石台	在超基性岩与闪长岩接触带上，矿体呈团块状、脉状，长几到几十厘米，宽几厘米	灰白色、乳白色，共生有蛇纹石质玉	已利用
西藏日喀则拉孜、萨噶、昂仁	在超基性岩的蛇纹岩中，破碎带发育	碧绿色软玉	1949年之前作为宝石材料曾采
台湾花莲县丰田乡	在蛇纹岩与围岩的接触带上，矿体为透镜状，长一至数米，厚一般一米	黄及绿色玉，有猫眼玉	开采很盛

后记

中国新疆和田玉、青海昆仑玉，俄罗斯贝加尔湖玉，韩国春川玉都是日月的精华、宝玉中的翘楚。特别是和田玉美玉一直和几千年中国文明史息息相关，是中华传统文化的重要组成部分。古往今来，怀着对和田玉的喜爱，从帝王将相到平民都纷纷加入到追捧者的行列。改革开放以来的市场经济大潮中，和田玉、昆仑玉、俄罗斯玉、韩国玉因具有实用、礼仪、社交、宗教、收藏、投资等重要功能，成为投资、收藏、赏玩者追求的重点。赏玉、爱玉具有无穷的魅力和高雅的品位。

正是怀着对中国玉文化的热爱和与更多爱玉者分享心得、交流体会的愿望，我们才积多年之体会感受，汇众家之真知灼识，探前人之辨玉卓见，集玉行之经验心得，力求兼顾不同层次、不同需求的读者需要重新撰写本书，希望在认识白玉、了解白玉、鉴赏白玉、辨识白玉、收藏白玉、传承白玉、继承和发扬玉文化方面共尽绵薄之力。

本书能够顺利再版，首先要感谢文化发展出版社的各位编辑和北京春晓伟业图书发行有限公司的万晓春总经理，他们挚爱和弘扬中华传统玉文化，给予了本书再次面世的机会；接着要感谢上海学林出版社的副编审褚大为老师，是他的热心推荐，才使作者对白玉文化的感受有了倾诉的可能；还要感谢白玉界的同人仟海州、李克耀、杨文宗、刘国皓、陈晓雨、牛伟平、乔玉革等人的宝贵建议及热心提供的图片、资料；李峤、贾世存、贺献崇、李茵、刘镇、白玉顺等人为本书的文字、图片搜集、处理提供了热心帮助，借此一并表示衷心的感谢。

本书编著者尽管主观上想使这本小册子尽量专业、通俗、简练、实用，但由于学识所限，对白玉的认识、理解、体会难免有不足及陈述不当之处，恳请专家、学者、同人和广大读者及时指正，以便我们今后有机会把本书修正得更好。

主要参考书目

[1] 唐延龄等著 . 中国和田玉 . 乌鲁木齐：新疆人民出版社，2001．

[2] 刘道荣等编著 . 赏玉与琢玉 . 天津：百花文艺出版社，2003．

[3] 陈咸益著 . 玉雕技法 . 南京：江苏美术出版社，2006．

[4] 卢何奇，冯建森著 . 玉石学基础，上海：上海大学出版社，2007．

[5] 张广文著 . 明代玉器 . 北京：紫禁城出版社，2007．

[6] 陈长其著 . 玉石鉴赏完全手册 . 上海：上海科技出版社，2007．

[7] 徐正伦著 . 小古董赚大钱 . 天津：百花文艺出版社，2008。

[8] 俞伟理著 . 中国玉雕——南阳名家名品 . 上海：上海三联书店，2009．

[9] 钱振峰主编 . 白玉品鉴与投资 . 上海：上海文化出版社，2007．

[10] 董洪全著 . 和田玉投资与鉴别 . 长沙：湖南美术出版社，2009．

[11] 尚昌平著 . 玉出昆仑 . 北京：中华书局，2008．

[12] 骆汉城等著 . 玉石之路探源 . 北京：华夏出版社，2005．

[13] 梵人等著 . 玉石之路 . 北京：中国文联出版社，2004．

[14] 杨伯达主编 . 中国玉文化玉学论丛 . 北京：紫禁城出版社，2002．

[15] 刘永宏 . 试论青海昆仑（软）玉 . 西宁：青海水文地质工程勘察院，2008．

"从新手到行家"
系列丛书

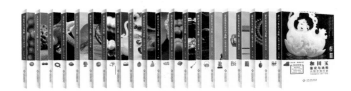

《和田玉鉴定与选购
从新手到行家》

定价：49.00 元

《南红玛瑙鉴定与选购
从新手到行家》

定价：49.00 元

《翡翠鉴定与选购
从新手到行家》

定价：49.00 元

《黄花梨家具鉴定与选购
从新手到行家》

定价：49.00 元

《奇石鉴定与选购
从新手到行家》

定价：49.00 元

《琥珀蜜蜡鉴定与选购
从新手到行家》

定价：49.00 元

《碧玺鉴定与选购
从新手到行家》

定价：49.00 元

《紫檀家具鉴定与选购
从新手到行家》

定价：49.00 元